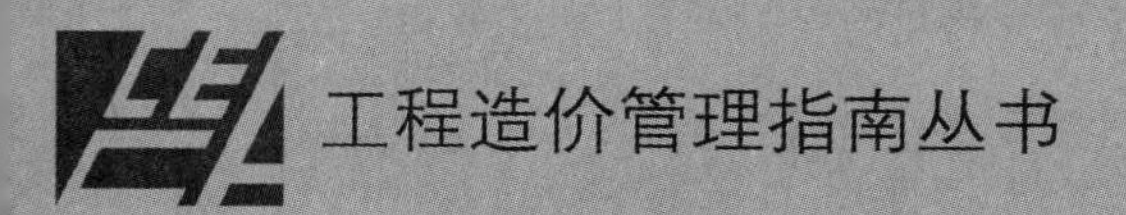

超高层建筑措施项目费计价指南

中国建设工程造价管理协会

中国建筑工业出版社

图书在版编目（CIP）数据

超高层建筑措施项目费计价指南 / 中国建设工程造价管理协会主编．—北京：中国建筑工业出版社，2018.4
（工程造价管理指南丛书）
ISBN 978-7-112-21907-0

Ⅰ.①超…　Ⅱ.①中…　Ⅲ.①超高层建筑—工程造价—指南　Ⅳ.①TU97-62

中国版本图书馆CIP数据核字（2018）第043496号

责任编辑：张礼庆　朱晓瑜
责任校对：王　瑞

工程造价管理指南丛书
超高层建筑措施项目费计价指南
中国建设工程造价管理协会
*
中国建筑工业出版社出版、发行（北京海淀三里河路9号）
各地新华书店、建筑书店经销
北京京点图文设计有限公司制版
北京君升印刷有限公司印刷
*
开本：787×1092 毫米　1/16　印张：5　字数：75 千字
2018 年 5 月第一版　2018 年 5 月第一次印刷
定价：26.00 元
ISBN 978-7-112-21907-0
（31825）

编审人员名单

主 编 单 位: 中国建设工程造价管理协会
上海申元工程投资咨询有限公司

参 编 单 位: 上海建工集团股份有限公司
中建三局集团有限公司北京公司
北京城建投资发展有限公司

主要起草人: 吴佐民　刘　嘉　姚文青　石端学　钱　斌　马　鸣
岳秀芬　陈浠森　王　涛　席小刚　胡　洁

主要审查人: 舒　宇　许锡雁　朱　坚　周义荣　何丹怡　顾晓辉
周明科　王伟庆

前　言

随着社会的进步、经济的发展，超高层建筑不断涌现，为帮助和指导超高层建筑中措施项目费用的计价，中国建设工程造价管理协会会同有关单位编制了《超高层建筑措施项目费计价指南》(以下简称《计价指南》)。

本《计价指南》主要内容包括总则、费用组成、计价方式、计价参考、计价案例。

本《计价指南》根据超高层建筑的特点以及措施项目费用编制的基本规定、组成内容和计价方式，并结合工程案例来加强分析和理解超高层建筑措施项目费的特性，帮助各有关单位和专业人士把控好在计价过程中所应注意和掌握的关键点和侧重点。

由于超高层建筑本身所固有的特性以及建造时间节点的不同，所以其个性化特征较强，在收集资料及寻求共性方面难度较大，因此编制中难免会有疏漏和不足之处，欢迎提出宝贵意见，以便修订时补充、完善。

目 录

第二章　费用组成

第三章　计价方式

第一章 总 则

一、概述

1. 编制意义、目的

随着改革开放的不断深入，国内经济建设和内外贸易的蓬勃发展，城市人口数量快速增长、建设用地日趋紧缺、土地价格不断飙升，近十年来超高层建筑在全国各地全面兴起、方兴未艾。由于超高层建筑造型多样、风格各异，极富时代气息，它不仅丰富了城市景观，在改变城市面貌、美化城市环境方面也起到了一定的作用，同时超高层建筑的建设促进了建筑设计理论、计价方式与方法的不断完善与创新，以及建筑技术的进步和发展。

从自身和建造角度讲，超高层建筑有外观造型独特、结构形式复杂、功能设置齐全、机电管网密布、配置标准高档、技术运用高新，以及体量大、工期紧、质量安全要求高、消防要求严格、施工场地狭小、施工工艺复杂、施工难度超常、管控协调困难等特点，从而使得建设投资费用较一般建筑要高很多。特别是其中的措施项目费用，由于超高层建筑工程特性、所处地区以及各承包人拟定的施工组织设计、施工方案、施工工序和流程上的不同，在安全、工艺、风险等诸多技术和组织措施方面存在很大差异，长期以来，对如何规范超高层建筑措施项目费的计价与计量一直是工程造价管理中的一个空白。

措施项目是指为完成工程项目施工，发生于该工程施工准备和施工过程中的技术、生活、安全、环境保护等方面的项目，主要分为易于计量的单价措施项目和难以计量的总价措施项目两部分，其中单价措施项目一般可以参照国家、地方、行业或企业相关定额来套用计取，但总价措施项目则由于项目特点、施工工艺等诸多因素的不同而相对复杂，项目内容较难确定，且通常没有可参考的编制依据，除去规定的计取方式外，承包人一般都自主报价，所以价格差异较大。

目前，定额中措施项目的列项内容以及所套用的建筑高度一般多是在200m以下，超过此高度的单价措施项目和总价措施项目都没有可参考的依据，从而导致不同项目、不同单位所列措施项目的内容和价格千差万别，不能准确反映超高层建筑施工难度与复杂水平。有经验的编制人考虑充分些，没经验的编制人则可能漏项或无从下手列项计价。基于以上原因，本指南编制目的在于希望能对建设单位、造价咨询单位、施工单位等在编制超高层建筑措施项目费时给予一定的指导和帮助，使超高层建筑建造成本能客观、公正地予以体现和有效控制。

2. 编制依据

按照国家法律、法规、规范文件和现行各类建设标准、技术规范的要求编制，遵循公平、合理、实事求是的原则，主要依据如下：

（1）《建设工程工程量清单计价规范》GB 50500—2013；

（2）《房屋建筑与装饰工程工程量计算规范》GB 50854—2013；

（3）《通用安装工程工程量计算规范》GB 50856—2013；

（4）《工程造价术语标准》GB/T 50875—2013；

（5）《建设工程分类标准》GB/T 50841—2013；

（6）《绿色建筑评价标准》GB/T 50378—2014；

（7）《民用建筑设计通则》GB 50352—2005；

（8）《建筑设计防火规范》GB 50016—2014；

（9）《房屋建筑与装饰工程消耗量定额》TY 01—31—2015；

（10）《通用安装工程消耗量定额》TY 02—31—2015；

（11）《建设工程施工合同（示范文本）》GF—2017—0201；

（12）《建筑安装工程工期定额》TY 01—89—2016；

（13）《房屋建筑和市政工程标准施工招标文件》（2010 年版）；

（14）《标准施工招标文件》（2007 年版）；

（15）《关于印发〈建筑安装工程费用项目组成〉的通知》（建标 [2013] 44 号）；

（16）国家现行设计规范、施工及验收规范、质量评定标准和技术、安全操作规程等；

（17）有关省、市及行业标准和定额等；

（18）典型工程设计、施工和管理案例；

（19）其他相关资料。

3. 适用范围

按照正常施工条件、常用施工方法、合理劳动组织及平均施工技术装备程度和管理水平，并结合当前常见建筑工程施工情况编制。

本《计价指南》主要适用于建筑高度超过 100m 的新建高层民用建筑工程在决策、设计、发承包、实施及竣工等阶段的计价活动。超高层构筑物也可参照执行。

二、主要术语

1. 措施项目

为完成工程项目施工，发生于施工准备和施工过程中的技术、生活、安全、环境保护等方面的项目。

2. 措施项目费

实施措施项目所发生的费用。

3. 分部分项工程费

工程量清单计价中，各分部分项工程所需的直接费、企业管理费、利润和风险费的总和。

4. 综合单价

完成一个规定工程量清单项目所需的人工费、材料费和工程设备费、施工机械使用费、企业管理费、利润以及一定范围内的风险费用。

5. 风险费用

隐含于已标价工程量清单综合单价中，用于化解发承包双方在工程合同约定内和范围内的市场价格波动风险的费用。

6. 企业管理费

承包人为组织施工生产和经营管理所发生的费用（内容包括管理人员工资、办公费、差旅交通费、固定资产使用费、工具用具使用费、劳动保险和职工福利费、劳动保护费、检验试验费、工会经费、职工教育经费、财产保险费、财务费、税金等）。

7. 总承包服务费

总承包人为配合协调发包人进行专业工程分包，对发包人自行采购的工程设备、材料等进行保管以及施工现场管理、竣工资料汇总整理等服务所需的费用。

8. 建设项目场地准备费

为使工程项目的建设场地达到开工条件，由建设单位组织进行的场地平整等准备工作而发生的费用。

9. 工程量偏差

承包人按照合同工程的图纸（含经发包人批准由承包人提供的图纸）实施，按照现行国家计量规范规定的工程量计算规则计算得到的完成合同工程项目应予计量的工程量与相应的招标工程量清单项目列出的工程量之间出现的量差。

三、基本规定

1. 民用建筑分类

在本《计价指南》中，超高层建筑是指建筑高度大于 100m 的民用建筑，而民用建筑按使用功能可分为居住建筑和公共建筑两大类。

2. 建筑檐口高度

建筑物的檐口高度（简称"檐高"）是指设计室外地坪至檐口滴水的高度（平屋面系指屋面板底高度，斜屋面系指外墙外边线与斜屋面板底的交点）。突出主体建筑物屋顶的电梯机房、楼梯间、水箱间、瞭望塔、排烟机房等不计入檐口高度。

3. 措施项目分类

本《计价指南》是基于《建设工程工程量清单计价规范》GB 50500—2013 编写，所以措施项目清单是根据相关专业现行国家计算规范的规定编制。

计算规范将措施项目划分为两类：一类是可以计算工程量的项目，如：脚手架、降水工程等，是以"量"计价，更有利于措施费的确定和调整，称为"单价措施项目"；另一类是难以计算工程量的项目，如：文明施工和安全防护、临时设施等，是以"项"计价，称为"总价措施项目"。

4. 单价措施项目

脚手架工程：同一建筑物有不同檐高时，按建筑物竖向切面，以不同檐高分别列项；脚手架材质根据工程实际情况按照现行行业标准《建筑施工扣件式钢管脚手架安全技术规范》JGJ 130—2011、中华人民共和国建设部发布的《建筑施工附着升降脚手架管理暂行规定》（建建［2000］230 号）等规定规范自行确定；使用综合脚手架时，不再使用外脚手架、里脚手架等单项脚手架。

混凝土模板及支架（撑）：原槽浇灌的混凝土基础不计算模板；混凝土模板及支架（撑）项目，只适用于以平方米计量，按模板与混凝土构件的接触面积以每平方米综合单价计价；以立方米计量的混凝土模板及支架（撑），按混凝土及钢筋混凝土实体项目执行，其综合单价中应包含模板和支架（撑）；采用清水模板时，要在工程量清单项目特征中注明，费用在综合单价内考虑；若现浇混凝土梁、板支撑高度超过 3.6m 时，项目特征应描述支撑高度，超过 3.6m 高度的增加费在综合单价内考虑。

垂直运输：同一建筑物有不同檐高时，按建筑物的不同檐高做纵向分割分别计算建筑面积，以不同檐高分别列项。

超高施工增加：单层建筑物檐口高度超过 20m 或多层建筑物超过 6 层时，可按超高部分的建筑面积计算超高施工增加；计算层数时，地下室不计入层数；同一建筑物有不同檐高时，按不同高度的建筑面积分别计算，以不同檐高分别列项。

施工排水、降水：根据工程勘察设计文件及相关资料编制，若相应专项设计不具备时，可按暂估量计算。具体实施时按招标文件、合同文件中相关条款约定执行。

5. 总价措施项目

安全文明施工费包括的内容和使用范围，应符合现行国家有关文件和计价、计算规范的规定，安全文明施工费应专款专用。

发包人应依据相关工程的工期定额合理计算工期，压缩工期时，宜组织专家论证，且相应增加压缩工期增加费，由发包人向承包人支付提前竣工（赶工）费用。

第二章　费用组成

本《计价指南》中的措施项目费是指除分部分项工程费、其他项目费、规费、税金以外，为完成工程项目建造所需的建筑安装工程费用，该费用的发生和金额的大小与使用时间、施工方法等相关，并且一般不形成工程实体或使用后被拆除。

措施项目费主要由单价措施项目费和总价措施项目费两部分组成。

一、单价措施项目费

单价措施项目费通常被称为“施工技术措施费”，是指措施项目中能计量的且以清单形式列出的项目费用，主要包括脚手架工程费、混凝土模板及支架（撑）费、垂直运输费、超高施工增加费、大型机械设备进出场及安拆费以及施工排水、降水费等。

1. 脚手架工程费

脚手架工程费是指施工需要的各种脚手架搭、拆、运输费用以及脚手架的摊销（或租赁）费用，主要包括综合脚手架费、外脚手架费、里脚手架费、悬空脚手架费、挑脚手架费、满堂脚手架费、整体提升架费、外装饰吊篮费、其他脚手架费。

（1）综合脚手架费

主要包含场内、场外材料搬运，搭、拆脚手架，铺设斜道及搭建上料平台、走道板、挡脚板、安全网、安全笆片的铺设，选择附墙点与主体连接，测试电动装置，安全锁等，拆除脚手架后材料的清理、维护、堆放等工作内容。

（2）外脚手架费、里脚手架费、悬空脚手架费、挑脚手架费、满堂脚手架费

主要包含场内、场外材料搬运，搭、拆脚手架，铺设斜道及搭建上料平台，走道板、挡脚板、安全网、安全笆片的铺设，拆除脚手架后材料的清理、维护、堆放等工作内容。

（3）整体提升架费

主要包含场内、场外材料搬运，选择附墙点与主体连接，搭、拆脚手架，铺设斜道及搭建上料平台，走道板、挡脚板、安全网、安全笆片的铺设，测试电动装置、安全锁等，拆除脚手架后材料的清理、维护、堆放等工作内容。

（4）外装饰吊篮费

主要包含场内、场外材料搬运，吊篮的安装，测试电动装置、安全锁、平衡控制器等，吊篮的拆卸等工作内容。

（5）其他脚手架费（如安装工程脚手架、钢结构工程脚手架、电梯井脚手架、防护脚手架等的搭拆费）

主要包含场内、场外材料搬运，搭、拆脚手架，铺设斜道及搭建上料平台，走道板、挡脚板、安全网、安全笆片的铺设，拆除脚手架后材料的清理、维护、堆放等工作内容。

超高层建筑脚手架工程费的计量方式与常规工程项目相同，只是在综合单价计取时，要充分考虑超高层建筑的结构形式、建筑高度、施工组织设计和施工方案对脚手架工程的影响。其中，整体提升架费还要考虑架体预拼装及架体提升过程中因结构截面变化造成的架体修改、调整费用。

2. 混凝土模板及支架（撑）费

混凝土模板及支架（撑）费是指混凝土施工过程中需要的各种模板、支架等的支拆费用、运输费用和模板、支架的摊销（或租赁）费用。

主要包含模板制作，模板安装、拆除、整理堆放及场内外运输，清理模板粘结物及模内杂物、维修、刷隔离剂等工作内容。

基于超高层建筑的工程特点，通常其地下部分模板与常规工程项目基本相同，地上部分模板由于结构形式和超高的缘故，与常规工程项目有明显不同，特别是其中的超高部分，以竖向模板为主，多半采用大模板、液压整体爬升模板体系，专业技术、施工精度要求高，需编制专项施工方案，并加以技术论证。除此之外，搭设高度大于或等于 8m 的高支模在超高层建筑中运用相当普遍，支模面积大、构造复杂，且模板支撑体系超高、超重、超长，同时超高层建筑地上结构形式主要以钢结构为主，而钢结构或空间网架结构在安装时还会使用满堂承重架，所以超高层建筑内的混凝土模板及支架（撑）费用要充分考虑前述支模系统所需要的费用。

3. 垂直运输费

垂直运输费是指施工工程在合理工期内所需垂直运输机械的使用费（租赁费），主要包括塔吊、起重机、施工电梯、物料提升机使用和永久电梯的临时使用等费用。

主要包含垂直运输机械的固定装置、基础制作、安装，行走式垂直运输机械轨道的铺设、拆除、摊铺等工作内容。

在超高层建筑中，垂直运输是重中之重，在费用计取时需结合吊装和运输方案一并考虑，吊装和运输方案通常包括吊装机械的选型、数量、位置及支承形式，施工临时电梯的选型、布置，永久电梯的使用、保护及维修等内容。另外，大型吊装机械使用费中应包括塔吊租赁费、检验监测地锚等；大型机械爬升及措施费中应包括塔吊爬升用埋件、钢架等费用，以及安装、拆除爬升套架、爬升架的费用。基于吊装的高度、重量及安装方式（如附墙），还应考虑对吊装机械基础或所附墙体进行的加固处理，主要包括大型吊装机械的基础及墙体加固、其他吊装机械的基础及墙体加固等。

4. 超高施工增加费

超高层建筑施工时，由于受到高空作业的影响，使得施工人员垂直交通时间及休息时间的延长，造成了人工降效，同时与施工人员配合使用的施工机械也随之产生了降效，所以需增加建筑物超高施工的费用。除人工、机械降效外，超高施工增加费还包括由于水压不足所引起的加压水泵台班费用，楼层临时卫生设施设置和日常维护、清理的费用，以及不需要时拆除的费用。

超高施工增加费主要包括建筑物超高引起的人工工效降低以及由于人工工效降低引起的机械降效，高层施工用水加压水泵的安装、拆除及工作台班，通信联络设备的使用及摊销，白天施工照明和夜间高空安全信号增加费，上人电梯费用，临时卫生设施，消防设施，楼层间的物料搬运和电梯中转以及其他费用等。

5. 大型机械设备进出场及安拆费

大型机械设备进出场及安拆费是指机械整体或分体自停放场地运至施工现场或由一个施工地点运至另一个施工地点，所发生的机械进出场运输及转移费用，机械在施工现场进行安装、拆卸所需的人工费、材料费、机械费、试运转费和安装所需的辅助设施的费用。

大型机械设备进出场及安拆费主要由进出场费和安拆费两部分组成，其中：

（1）进出场费主要包括施工机械、设备整体或分体自停放地点运至施工现场或由一施工地点运至另一施工地点所发生的运输、装卸、辅助材料等费用；

（2）安拆费主要包括施工机械、设备在现场进行安装拆卸所需人工、材料、机械和试运转费用以及机械辅助设施的折旧、搭设、拆除等费用。

6. 施工排水、降水费

施工排水、降水费是指为保证工程在正常条件下施工而采取的排水、降水的措施所发生的费用及完成排水、降水工作后的封井费用。

主要包括成井和排水、降水两部分，其中：

（1）成井主要包含准备钻孔机械、埋设护筒、钻机就位，泥浆制作、固壁，成孔、出渣、清孔等，对接上、下井管（滤管），焊接，安放，下滤料，洗井，连接试抽等工作内容；

（2）排水、降水主要包含管道安装、拆除，场内搬运等，抽水、值班、降水设备维修等工作内容。

二、总价措施项目费

总价措施项目费通常被称为“施工组织措施费”，是指措施项目中难以计量的且以清单形式列出的项目费用，主要包括安全文明施工费（环境保护费、文明施工费、安全施工费、临时设施费），夜间施工增加费，非夜间施工增加费，二次搬运费，冬雨（风）期施工增加费及地上、地下设施和建筑物的临时保护设施费，已完工程及设备保护费，其他总价措施项目费等。

1. 安全文明施工费

安全文明施工费是指在工程项目施工期间，承包人为保证安全施工、文明施工和保护现场内外环境等所发生的措施项目费用。其通常是按照建设施工安全、施工现场环境与卫生标准和有关规定，购置和更新施工安全防护用具和设施、改善安全生产条件和作业环境所需要的费用。

安全文明施工费主要由环境保护费、文明施工费、安全施工费、临时设施费四部分组成。

（1）环境保护费

环境保护费是指施工现场为达到环保部门要求所需要的各项费用，主要内容如下：

1）现场施工机械设备降低噪声、防扰民措施；

2）水泥和其他易飞扬细颗粒建筑材料密闭存放或采取覆盖措施等；

3）工程防扬尘洒水；

4）土石方、建渣外运车辆防护措施等；

5）现场污染源的控制、生活垃圾清理外运、场外排水排污措施；

6）其他环境保护措施，如：降尘喷雾系统及设备、环境监测系统、周边环境保护的统筹协调管理等。

超高层建筑在施工过程中会产生比较多的建筑垃圾，所以需要实时予以清理及外运。垃圾清运费主要包括场内清理和场外消纳，场内清理主要包括高层垃圾垂直运输、垃圾管道摊销及水平倒运至固定堆放地点等工作内容。

此外，还应考虑现场环境治理所需的雾化、自动喷淋、环境检测等系统增加的环境管理成本费用。

同时，由于超高层建筑普遍建在城市中心和主要功能核心区，存在独立的管理运营，所以还要充分考虑特殊区域特殊要求所增加的费用，诸如：城市整体管控和季度性减雾治霾要求，高排放车辆限号、限行对工程物料正常供应的影响等。

（2）文明施工费

文明施工费是指施工现场文明施工所需要的各项费用，主要内容如下：

1）五牌一图；

2）现场围挡的墙面美化（包括内外粉刷、刷白、标语等）、压顶装饰；

3）现场厕所便槽刷白、贴面砖、水泥砂浆地面或地砖、建筑物内临时便溺设施；

4）其他施工现场临时设施的装饰装修、美化措施；

5）现场生活卫生设施；

6）符合卫生要求的饮水设备、淋浴、消毒等设施；

7）生活用洁净燃料；

8）防煤气中毒、防蚊虫叮咬等措施；

9）施工现场操作场地的硬化；

10）现场绿化；

11）现场治安综合治理；

12）现场配备医药保健器材、物品和急救人员培训；

13）现场工人的防暑降温、电风扇、空调等设备及用电；

14）其他文明施工措施。

（3）安全施工费

安全施工费是指施工现场安全施工所需要的各项费用，主要内容如下：

1）安全资料、特殊作业专项方案的编制，安全施工标志的购置及安全宣传；

2）“三宝”（安全帽、安全带、安全网）、“四口”（楼梯口、电梯井口、通道口、预留洞口）、“五临边”（阳台围边、楼板围边、屋面围边、槽坑围边、卸料平台两侧），水平防护架、垂直防护架、外架封闭等防护；

3）施工安全用电，包括配电箱三级配电、两级保护装置要求、外电防护措施；

4）起重机、塔吊等起重设备（含井架、门架）及外用电梯的安全防护措施（含警示标志）及卸料平台的临边防护、层间安全门、防护棚等设施；

5）建筑工地起重机械的检验检测；

6）施工机具防护棚及其围栏的安全保护设施；

7）施工安全防护通道；

8）工人的安全防护用品、用具购置；

9）消防设施与消防器材的配置；

10）电气保护、安全照明设施；

11）其他安全防护措施，如现场与楼层保安、消防与安全巡视、监控设施与门禁系统、混凝土外飘预防措施、沿街安全防护措施、防恐反恐措施、第三方安全评价、外架封闭、施工安全用电、电气保护、安全照明设施等。

其中，消防与安全巡视通常包括临时广播系统；监控设施与门禁系统通常包括工地大门及核心筒首层设置门禁安防系统。同时，还包括为了最大限度控制超高层建筑的安全风险所采取的措施，如委托第三方安全评价机构在施工期间，对施工过程中的安全生产状况、安全生产条件等进行评价。第三方安全评价主要内容如下：

1）对危险性较大的分部分项工程专项施工方案（专家论证后的方案）实施情况进行检查、评价；

2）对施工过程中使用的大型施工机械（塔吊、汽车吊、施工升降机、液压钢平台等）定期进行安全检测、检查、评价；

3）对施工过程中的立体交叉施工（如玻璃幕墙、设备安装等）的安全防护体系进行检查、评价；

4）对施工现场的消防系统及管理状况进行检查、评价；

5）对施工现场的临时用电系统在使用过程中的安全状况进行检查、评价；

6）对施工现场的脚手架工程、模板工程、三宝四口防护、施工机具等进行安全评价。

（4）临时设施费

临时设施费是指承包人为进行建设工程施工所必须搭设的生活和生产用的临时建筑物、构筑物和其他临时设施费用，主要内容如下：

1）施工现场采用彩色、定型钢板、砖、混凝土砌块等围挡的安砌、维修、拆除；

2）施工现场临时建筑物、构筑物的搭设、维修、拆除，如临时宿舍、办公室、食堂、厨房、厕所、诊疗所、临时文化福利用房、临时仓库、加工场、搅拌台、临时简易水塔、水池等；

3）施工现场临时水、电、气、通信等的搭设、维修、拆除，如临时供水管道、临时供电管线、小型临时设施等；

4）施工现场规定范围内临时简易道路铺设，临时排水沟、排水设施安砌、维修、拆除；

5）其他临时设施搭设、维修、拆除，如临时防雷设施、临时航空标志等。

此外，由于超高层建筑的容积率高，而施工场地狭小，所以空间比较局促，因此临时设施费需结合施工组织设计进一步考虑临时设施多次迁移、搭拆和场外堆场、租房以及场外工人交通运输所需要的费用，且因为高空作业的缘故还需要考虑临时防雷设施和航空标志等费用。

2. 夜间施工增加费

夜间施工增加费是指因夜间施工而发生的夜班补助费、夜间施工降效、夜间施工安全、夜间施工照明设备摊销及照明用电等措施费用，主要内容如下：

（1）夜间固定照明灯具和临时可移动照明灯具的设置、拆除；

（2）夜间施工时，施工现场交通标志、安全标牌、警示灯等的设置、移动、拆除；

（3）夜间照明设备及照明用电、施工人员夜班补助、夜间施工劳动效率降低等；

（4）保证夜间施工人员生活、安全的辅助人员的费用。

3. 非夜间施工增加费

非夜间施工增加费是指在进行非夜间施工时，即在地下（暗）室等特殊区域施工时所采取相应措施而增加的费用，主要内容如下：

（1）为保证施工正常进行，在地下（暗）室、电梯井、管道井、设备及大口径管道内等特殊施工部位施工时所采用的照明设备的安拆、维护及照明用电、通风等；

（2）在地下（暗）室等特殊施工部位施工引起的人工工效降低以及由于人工降效引起的机械降效。

4. 二次搬运费

二次搬运费是指因施工管理需要或因场地狭小等原因，导致建筑材料、设备等不能一次搬运到位必须发生的二次及以上搬运所需的费用。

因为超高层建筑地处城市中心和主要功能核心区，位置所处区域周边建筑物比较紧凑、空间比较局促，且超高层建筑容积率高，钢结构构件、幕墙构件等主要材料和设备比较多，而施工场地相对比较狭小，为确保工程项目在拟定的工期时间内完成，所以要特别考虑由于堆场不足而在场外转场所需增加的运输费用。

5. 冬雨（风）期施工增加费

冬雨（风）期施工增加费是指因在冬雨（风）期天气原因导致施工效率降低加大投入而增加的费用，以及为确保冬雨（风）期施工质量和安全而采取的保温、防雨等措施所需的费用，主要内容如下：

（1）增加的临时设施（防寒保温、防雨、防风设施）的搭设、拆除；

（2）对砌体、混凝土等采用的特殊加温、保温和养护措施；

（3）施工现场的防滑处理、对影响施工的雨雪的清除；

（4）增加的临时设施、施工人员的劳动保护用品、冬雨（风）期施工劳动效率降低等。

6. 地上、地下设施和建筑物的临时保护设施费

地上、地下设施和建筑物的临时保护设施费是指在工程施工过程中，对已建成的地上、地下设施或建筑物，进行遮盖、封闭、隔离等必要的保护措施所发生的费用。

7. 已完工程及设备保护费

已完工程及设备保护费是指竣工验收前，对已完工程及设备采取覆盖、包裹、封闭、隔离等必要的保护措施以避免其损坏或受恶劣天气影响所发生的费用。

8. 其他总价措施项目费

因为措施项目需要考虑多种因素，除超高层建筑自身的工程特性外，还涉及水文、气象、环境、安全等因素，所以措施项目需根据拟建工程的实际情况，并结合拟定的施工组织设计和施工方案进行列项。

由于超高层建筑独特的外观造型、复杂的结构形式、齐全的功能设置，从而使得除上述常规措施项目及费用外，还有很多为保证超高层建筑正常施工所发生的其他总价措施项目及费用，主要包含如下项目内容。

（1）大体积混凝土测温及保护费

大体积混凝土浇捣在超高层建筑中较为普遍，如地下室底板、外墙、楼板、顶板等，其中地下室底板通常厚度较大，因此混凝土用量较多，而测温的目的主要是为了给混凝土的养护提供依据，以保证在养护的过程中能够提前覆盖，减小内外温差，防止温度裂缝的产生。

（2）混凝土泵送费

常规工程项目的混凝土泵送费通常会在分部分项工程不同部位的混凝土

综合单价内考虑，其主要包括输送泵、输送泵车、水平和垂直输送泵管费用，而超高层建筑在泵送混凝土施工时，由于对混凝土输送泵及泵管等设备的泵送能力要求非常高，需要耐超高压管道及保障管道的抗爆能力和顺利输送能力，以避免堵管，所以不同于常规工程项目。为便于准确计算，超高层建筑混凝土泵送费通常单独计列在总价措施项目费内，除需计取水平和垂直泵管的搭拆及租赁、输送泵及泵管冲洗、泵管防护架及检修架等外，还要充分考虑前述因素及因超高泵送增加的混凝土外加剂的费用。

（3）液压提升组合钢平台费

液压提升组合钢平台是超高层建筑施工时采用的独特方式，实为钢平台脚手模板组合系统，即核心筒顶部区域设置全封闭钢平台，施工电梯可直接到达钢平台上，确保施工安全、可控。该平台在满足立体施工的同时，又可作为放置材料的上料平台，所以钢平台费用的组成部分需根据施工方案确定。

（4）吊装加固平台费

吊装加固平台主要包含起重机加固及负荷试验，整体吊装临时加固件，胎架措施及加固设施拆除、清理等工作内容，可分为钢结构吊装加固平台和设备吊装加固平台。

由于超高层建筑中大型塔吊对核心筒剪力墙的荷载作用巨大，所以吊装加固中还考虑需要在墙体中增加复杂的加固措施费用，因此吊装加固平台费用需根据施工方案的具体内容计取。

（5）水平运输机械增加费

常规工程自承包人现场仓库或现场指定堆放点运至安装地点的水平运输机械费一般已包含在分部分项工程的材料、半成品、成品价格中，考虑到超高层建筑的工程特性以及不同的施工组织设计和施工方案，可能会出现原有水平运输机械不能完全满足实际使用需要的现象，所以承包人要适当考虑由于调整水平运输机械而增加的费用。

（6）特殊要求检测、检验与试验费

在超高层建筑实施过程中，要检测、检验和试验的项目众多，特别是在新材料、新工艺、新技术的研究、检验、试验、复测、复验等方面，这里所指的是除发包人委托检测机构进行的第三方检测和承包人企业管理费中所要承担的检验试验费之外，还需要承包人另外进行其他特殊要求的材料、工程设备和工程的检测、检验与试验的费用，如：新结构、新材料的试验费；对构件做破坏性试验的费用等，此费用还需考虑提供的场所、人员、设备以及其他必要的条件等。具体内容根据发包人要求确定。

（7）局部细化和深化设计费

通常情况下，承包人须按发包人提供的施工图纸施工。由于超高层建筑在招标时提供的图纸可能有某些节点和内容尚不详尽和完善，故可能会需要承包人根据招标文件、技术标准和要求在实际施工时就此类节点和内容予以细化和深化设计。经承包人细化和深化设计的图纸，需通过发包人、设计人和审图机构的审核，同时包括必要的修正和完善，以获得最终的确认和批准所需要的细化和深化设计费用，以及脚手架、混凝土模板及支架（撑）、垂直运输等方案的设计费。

（8）竣工资料编制费

根据国家或省级、行业建设相关主管部门和档案管理的规定，在竣工验收后，承包人应考虑除总承包服务费（包含专业分包人一般性竣工资料的编制和汇总）以外自身部分编制和提交工程项目竣工资料所发生的费用。

（9）提前竣工（赶工）费

提前竣工（赶工）费是指承包人应发包人的要求而采取加快工程进度措施，使合同工程工期缩短，由此产生的应由发包人支付的费用。

通常情况下，发包人可依据相关工程的工期定额计算工期，但超高层建筑由于其埋置深度和建筑高度超出常规，所以会导致部分工程项目无法套用工期定额，因此工期一般可依据国家建筑安装工程质量检验评定标准、施工及验收规范等有关规定，按正常施工条件、合理的劳动组织以及承包人技术装备和组织管理的平均水平计算和测定。

若发包人对工期有特殊要求，指令工期缩短，且压缩的工期经专家论证可行时，则缩短的时间即为赶工，或者发包人为满足施工进度的要求，确保工程提前完成所进行的必要的加班工作，要求承包人采取加快工程进度措施所增加的提前竣工（赶工补偿）费用。

（10）特殊要求保险费

工程保险费是为转移工程项目建设的意外风险，在建设期内对建筑工程、安装工程、机械设备和人身安全进行投保而发生的费用。是保险公司为工程项目可能面临的各种风险（包括各种自然灾害和意外事故，如：洪水、风暴、水灾、暴雨、地陷、冰雹、雷电、海啸、崩塌、滑坡、泥石流等，以及火灾、爆炸、爆裂、物体撞击、盗窃、破坏和人员过失等）提供的经济保障。

由于工程保险是为各类工程项目承担经济风险的，其服务对象的多样化决定了其投保险种较多，民用建筑中的主要投保险种和保险责任如下介绍。

1）建筑/安装工程一切险：被保险人在保险期限内因自然灾害和意外事故等原因造成主体工程的物质损失，由保险公司按保单规定进行经济赔偿。

2）第三者责任险：被保险人在保险期限内，因发生与主保单所承保的主体工程直接相关的意外事故引起工地内临近区域的第三者人身伤亡或财产损失，依法应由被保险人承担的经济赔偿责任，保险公司按保单规定进行赔偿。

3）人身意外伤害险或称雇主责任险：是承包人为其雇佣的人员办理的保险，以保障人员在受雇期间因工作遭受意外（触电、从高处坠落、被坠落物体砸中等），导致伤亡或患有职业病后，将获得医疗费用、伤亡赔偿、工伤假期工资、康复费用以及必要的诉讼费用等，由保险公司按保单规定进行经济赔偿。

4）施工用机械设备保险：被保险人在保险期限内因自然灾害及意外事故等原因造成施工机械设备损失，由保险公司按保单规定进行经济赔偿。

5）其他工程险和附加险：除上述险种之外，还可根据工程风险的需要和承包人的需求，购买各种特殊风险工程保险和附加险，以满足风险管理的需要，如混凝土外飘、沿街安全等第三方理赔。

关于工程保险，一般在招标文件、合同文件中都有专门的条款对保险事项进行约定，除发包人购买的工程保险外，承包人可根据超高层建筑工期长、成本高以及高空作业等工程特点，结合项目实际情况以及自己所承担的风险范围来安排投保合适的保险险种，并支付除承包人自身企业管理费承担以外需购买其他相关保险的费用。

（11）沉降、移位测点及监测费

超高层建筑施工过程中，由于受结构自重、风荷载、日照温差、混凝土徐变和基础不均匀沉降等诸多因素影响，均可能导致主体结构的沉降和位移。为了能全面反映结构施工期的沉降变化、稳定性及变形情况，特别是在竖向变形方面，诸如核心筒爬升架监测、塔楼压缩变形监测等，需要承包人在整个项目施工过程中对建筑物的沉降、变形进行实时跟踪观测与监测所发生的费用，包括设置沉降观测点，收集整理观测、监测数据，分析与处理，及时做好预控措施，事先控制和调整沉降、变形等。

（12）工程顾问单位办公室搭拆费

根据招标文件、合同文件要求，除承包人和建设单位临时设施费以外非承包人自身使用部分，主要是供工程项目设计人、监理人以及其他顾问单位使用之额外办公室所搭设、借用与拆除的费用。

（13）承包人的总承包管理责任费

承包人为履行除承包人自身企业管理费、总承包服务费（对专业分包人和指定供应商）以外的管理责任所发生的费用，主要包括协调各相关单位和独立承包人的关系，工序衔接和工程进度控制，督促独立承包人文明施工，遵守工地现场各项管理制度，组织、联络、协调独立承包人完成调试等相关工作，直至工程竣工验收合格。如桩基检测，基坑围护检测及监测，周边建筑、市政道路及地下管线监测，供水接驳；供电接驳，电话接驳，有线电视接驳，宽带接驳，燃气接驳，地质勘探（包括承压水试验），地下管线搬迁及回搬等工作。

（14）组织协调联动调试费

由于超高层建筑通常所涉及的业态类型比较多，集商业、会展、办公、酒店、公寓等功能于一体，为便于将来营销方式多样化的选择和实施，所以需要将通用安装工程系统除按自身专业分类外，还要尽可能地按功能分块。为了将各系统进行集成、贯通，需要制定项目联动调试大纲、组织协调所有系统的联动调试，为整个工程项目联合试运转做好准备。

因此，承包人在交付前按照设计文件规定的工程质量标准和技术要求，对整个工程各系统进行负荷联动调试，所发生的费用通常包括联动调试所需的原材料、燃料及动力消耗、低值易耗品、其他物料消耗、工具用具使用、机械使用、保险购置和承包人联动调试人员参加及专家指导等费用，不包括应计入设备安装工程费用的调试和试车费用，以及在联动调试中暴露出来的因施工和设备缺陷等原因发生的费用。

（15）地下部分施工增加费

由于超高层建筑通常都有超大、超深的基坑，虽有地质勘探报告，但往往不能完全、准确地反映实际地质情况，所以地下部分遇到特殊情况的几率比较高，因此需要充分考虑此类情况出现所发生的费用，主要包括流沙、暗浜、明浜等，地下障碍物，化石、文物等。

（16）地上部分施工增加费

通常情况下，建设单位都会提供达到开工条件之平整的施工场地，但由于超高层建筑一般都地处城市中心和主要功能核心区，难免会余留一些有碍于施工的设施需要清除，因此会产生除建设单位场地准备费以外清除影响施工的地上障碍物、构筑物等所需要的外运及处置费用。

（17）水、电、通信增加费

主要是指通信增加费，以及除在分部分项工程费和承包人自身企业管理费内计取以外，为满足施工期间必要的生活、生产用水及用电可能增加的费用。

（18）专项方案论证费

根据住房城乡建设部发布的《危险性较大的分部分项工程安全管理办法》（建质［2009］87号）相关规定：超过一定规模的危险性较大的分部分项工程安全专项施工方案应当由承包人组织召开专家论证会。在超高层建筑中，超过一定规模的危险性较大的分部分项工程介绍如下。

1）深基坑工程

①开挖深度超过5m（含5m）的基坑（槽）的土方开挖、支护、降水工程。

②开挖深度虽未超过5m，但地质条件、周围环境和地下管线复杂，或影响毗邻建筑（构筑）物安全的基坑（槽）的土方开挖、支护、降水工程。

2）模板工程及支撑体系

①工具式模板工程：包括滑模、爬模、飞模等工程。

②混凝土模板支撑工程：搭设高度 8m 及以上；搭设跨度 18m 及以上；施工总荷载 $15kN/m^2$ 及以上；集中线荷载 20kN/m 及以上。

③承重支撑体系：用于钢结构安装等满堂支撑体系，承受单点集中荷载 700kg 以上。

3）起重吊装及安装拆卸工程

①采用非常规起重设备、方法，且单件起吊重量在 100kN 及以上的起重吊装工程。

②起重量 300kN 及以上的起重设备安装工程；高度 200m 及以上内爬起重设备的拆除工程。

4）脚手架工程

①搭设高度 50m 及以上落地式钢管脚手架工程。

②提升高度 150m 及以上附着式整体和分片提升脚手架工程。

③架体高度 20m 及以上悬挑式脚手架工程。

5）拆除、爆破工程

①采用爆破拆除的工程。

②码头、桥梁、高架、烟囱、水塔或拆除中容易引起有毒有害气（液）体或粉尘扩散、易燃易爆事故发生的特殊建、构筑物的拆除工程。

③可能影响行人、交通、电力设施、通信设施或其他建、构筑物安全的拆除工程。

④文物保护建筑、优秀历史建筑或历史文化风貌区控制范围的拆除工程。

6）其他

①施工高度 50m 及以上的建筑幕墙安装工程。

②跨度大于 36m 及以上的钢结构安装工程；跨度大于 60m 及以上的网架和索膜结构安装工程。

③开挖深度超过 16m 的人工挖孔桩工程。

④地下暗挖工程、顶管工程、水下作业工程。

⑤采用新技术、新工艺、新材料、新设备及尚无相关技术标准的危险性较大的分部分项工程。

（19）获取认证和奖项配合费

1）获取行业认证

根据发包人要求，承包人为获取国内外相关奖项所需要的配合费用，如绿色建筑星级认证、美国 LEED 奖项认证等。

2）获取政府奖项

根据发包人要求，承包人为创优质工程，获取国家或省级、行业建设主管部门颁发的奖项所需要的配合费用。

（20）建筑信息模型（BIM）技术应用费

基于超高层建筑独特的外观造型、复杂的结构形式、密布的机电管网，以及超大的体量和高度，决定了需要应用建筑信息模型（BIM）技术来更好地实施管理和建设，承包人为组织实施 BIM 技术应用而配置的满足软件操作和模型应用要求的软件和硬件设备，以及设计施工建模、分模和分析模拟及达到发包人 BIM 要求等增加的费用。

（21）承包人招标及配合费

根据发包人要求纳入施工承包工程范围，需要由承包人负责或配合暂估价中之专业分包人和指定供应商的招标工作所发生的费用，包括招标策划、招标日程和进度安排、编制或审阅招标文件、开标与评标、合同谈判、拟定或审阅合同文件等。

（22）合同条款内其他项目费

合同条款内其他项目是根据招标文件所选用的合同文件专用合同条款罗列，以便承包人对应合同条款的内容和要求，填报对应的为完成承包范围工程内容所需的不包含在单价措施项目费和总价措施项目费已列项中的其他措施项目费。

根据中华人民共和国住房和城乡建设部、中华人民共和国国家工商行政管理总局发布的《建设工程施工合同（示范文本）》（GF—2017—0201），专用合同条款包括：一般约定，发包人，承包人，监理人，工程质量，安全文明施工与环境保护，工期和进度，材料与设备，试验与检验，变更，价格调整，合同价格、计量与支付，验收和工程试车，竣工结算，缺陷责任期与保修，违约，不可抗力，保险，争议解决，以及另行约定之其他条款，如工程标高和定位测量费，第三方垂直度控制测量费，工程竣工清理费以及为完成合同条款内规定的其他工作所支付的费用。

（23）技术标准和要求费

技术标准和要求是招标文件和合同文件的重要组成部分，与合同条款、图纸、工程量清单等其他合同文件互为补充和解释。其核心内容主要包含一般技术标准和要求、特殊技术标准和要求、适用的规范和规程三个方面以及相关附件。附件可以是施工现场现状平面图、地勘报告、地下管网等能直观反映工程现状的有效信息和资料。

技术标准和要求费是指承包人为达到和满足发包人技术标准和要求所发生的费用，如压型钢板、桁架楼板下的支撑费，周边市政雨污水管道疏通养护费，架设地下管廊钢栈桥费，核心筒水平结构后施工防护层措施费等。

（24）工程量清单总说明费用

在工程量清单总说明中说明，但又未能包含在分部分项工程费和单价措施项目费中，根据发包人要求必须要发生的事项所需要的费用，如安装吊耳、焊接衬垫等。

（25）法定责任增加费用

法定责任增加费用是指承包人除自身企业管理费承担以外，按国家、地方或行业法律规定，须由承包人遵循中国政府包括地方政府、对项目有管辖权或与其系统接驳的市政设施管理部门的法律、条例和通知，并提交所需的资料、申请和支付有关的法定费用和税金。

（26）与政府及相关单位配合协调增加费

与政府及相关单位配合协调增加费是指承包人除自身企业管理费承担以外，在施工过程中，需与政府及相关单位进行沟通、配合与协调所发生的费用，如：施工许可、夜间施工许可、交通许可、环境保护等手续费。

此外，由于超高层建筑都是其所处城市的地标，一般都为省市重大工程，备受各方瞩目，因此来访单位和人员比较多，所以除安全防护、文明施工考虑充足外，接待参观的增加及参观导致的降效等费用也需充分考虑。

（27）完成验收所涉及费用

完成验收所涉及费用是指为完成隐蔽工程验收、分阶段验收以及竣工验收等工作所涉及的费用，包括清理以及补救所需要的费用。

（28）特殊条件下施工增加费

特殊条件下施工增加费是指施工过程中遇地铁、铁路、航空、航运等交通干扰而发生的施工降效费用。

（29）其他措施项目费

鉴于超高层建筑工程施工特点和承包人组织施工生产的施工装备水平、施工方案及其管理水平的差异，同一工程、不同承包人组织施工采用的施工措施有时并不完全一致，因此，为保证工程施工正常进行所发生的除上述列项以外的措施工作所需要的费用，具体可根据超高层建筑工程实际情况、拟定的施工组织设计和施工方案在上述列项以外进行增减。

第三章 计价方式

一、措施项目计价

1. 计价概念

工程计价是指按照法律法规和标准等规定的程序、方法和依据，对工程造价及其构成内容进行预测和确定。

在设计阶段及其之前是对工程造价的预测，在交易阶段及其以后是对工程造价的确定。

在招投标阶段，工程计价一般是指招标控制价、投标报价的编制和合同价格的确定。

在施工阶段，工程计价一般是指施工图预算的编制和合同价格变更的审核。

在竣工阶段，工程计价则是指竣工结算的编制和竣工结算的审核。

2. 计价依据

工程计价依据是指与计价内容、计价方法和价格标准相关的工程计量计价标准，工程计价定额及工程造价信息等。如：

（1）国家或省级、行业建设主管部门颁布的法律法规；

（2）《建设工程工程量清单计价规范》GB 50500—2013；

（3）《房屋建筑与装饰工程工程量计算规范》GB 50854—2013；

（4）《通用安装工程工程量计算规范》GB 50856—2013；

（5）国家或省级、行业建设主管部门颁布的计价定额和计价办法；

（6）企业定额；
（7）建设工程设计文件及相关资料；
（8）招标文件、招标工程量清单及其补充通知、答疑纪要；
（9）与建设项目相关的标准、规范、技术资料；
（10）施工现场情况、工程特点及施工组织设计和施工方案；
（11）市场价格信息或工程造价管理机构发布的工程造价信息；
（12）其他的相关资料。

3. 计价规定

本《计价指南》中的措施项目主要是基于《建设工程工程量清单计价规范》GB 50500—2013 及相关专业工程现行国家计算规范进行列项，采用的是工程量清单计价方式。

（1）单价措施项目费

单价措施项目费是以“量”的形式，采用综合单价的方式计价，国家计算规范规定应予计量的措施项目，其计算公式：

$$\text{单价措施项目费} = \sum(\text{单价措施项目工程量} \times \text{综合单价})$$

其中，综合单价应根据招标文件和招标工程量清单项目中的项目名称、项目特征描述、计量单位、工程量计算规则及有关要求，并结合拟建工程的实际情况确定后计算。该综合单价是除规费、税金外的非完全综合单价，包括招标文件中划分的应由承包人承担的风险范围及其费用。

（2）总价措施项目费

国家计算规范规定不宜计量的总价措施项目是以“项”为计量单位，采用费率或总价包干的方式进行计价。其计算公式：

$$\text{总价措施项目费} = \sum \text{计算基数} \times \text{相应费率}(\%) \text{或金额}$$

其中，费率由工程造价管理机构根据各专业工程的特点和调查资料综合分析后给出一个指导区间；总价包干的金额应根据招标文件和招标工程量清单所对应的项目名称、工作内容及包含范围，并结合拟建工程施工图（竣工图）、施工现场情况、工程特点、施工组织设计和施工方案及有关规定，自行计算。该费用是除规费、税金外的全部工程费用。其中的安全文明施工费必须按国家或省级、行业建设主管部门的规定计算，不得作为竞争性费用。

所有计价活动必须符合国家或省级、行业建设主管部门颁布的法律法规，以及与建设项目相关的标准规范等要求。

4. 计价方法

措施项目费除采用工程量清单计价外，在实际运用过程中也可以采用相关定额或指标计价，或自行测算后计价。措施项目费计价需结合拟建工程项目的具体情况、施工组织设计和施工方案，可采用综合单价、费率或总价包干的方式确定。

（1）定额计价

措施项目计价时，可采用国家或省级、行业建设主管部门颁布的工程计价定额或指标，也可采用企业定额，以及市场价格信息或工程造价管理机构发布的工程造价信息。

（2）测算计价

由于超高层建筑的工程特性，措施项目费用中有许多项目内容是超常规的，所以没有相应的工程计价定额或指标以及企业定额可以套用，因此需要根据拟建工程的工程特点、施工现场情况、施工组织设计和施工方案及有关规定，通过分析、测算后，确定措施项目的人工、材料、机械等消耗量，并在此基础上进行项目成本和实际费用计算。

5. 计价风险

风险是一种客观存在的、可能会带来损失的、不确定的状态，具有客观性、损失性、不确定性的特点，并且风险始终是与损失相联系的。计价风险主要包括政策风险、市场风险、技术风险和管理风险等。措施项目计价时，还必须充分考虑在招标文件、合同文件中明确必须计价的风险内容及其范围和幅度，同时还需考虑风险的损失应该由谁承担，是完全承担、有限度承担，还是完全不承担等问题。

措施项目费中，单价措施项目费应将风险考虑在综合单价内，总价措施项目费应将风险考虑在相应费率或总价包干的金额内。

工程施工发包是一种期货交易行为，工程建设本身具有单件性和建设周期长的特点。在工程施工过程中影响工程施工及工程造价的风险因素很多，但并非所有的风险都是发包人、承包人能预测、能控制或能承担其损失，特别是超高层建筑，建设规模大、施工工期长、建设投资多等工程特性导致它在整个建设过程中所要承担的部分风险不可预知，且措施项目中有许许多多超常规的内容，特别是在技术、安全、施工、管理、工期等方面，因此风险的考虑要更为充分、合理。

6. 计价调整

措施项目的计价调整有合同约定的应按合同约定执行，合同无约定的可参考《建设工程工程量清单计价规范》GB 50500—2013 中的相关规定进行调整，具体如下。

（1）工程变更

当工程变更引起施工方案改变并使措施项目发生变化时，承包人提出调整措施项目费用的，应事先将拟实施的方案提交发包方确认，并应详细说明与原方案措施项目相比的变化情况，拟实施的方案经发承包双方确认后执行，应按照以下规定调整措施项目费。

1）安全文明施工费应按照发生变化的措施项目依据国家或省级、行业主管部门的规定计算。

2）采用单价计算的措施项目费，应按照实际发生变化的措施项目，按下列规定确定单价。

①已标价工程量清单中有适用于变更工程项目的，应采用该项目的单价。但当工程变更导致该清单项目的工程数量发生变化，且工程量偏差超过 15% 时，该项目单价可进行调整，超出部分的工程量调整单价具体应由承包人提出，

并报发包人审核后确定。

②已标价工程量清单中没有适用但有类似于变更工程项目的，可在合理范围内参照类似项目的单价。

③已标价工程量清单中没有适用也没有类似于变更工程项目的，应由承包人根据变更工程资料、计算规则和计价办法、工程造价管理机构发布的信息价格和承包人报价浮动率提出变更工程项目的单价，并应报发包人确认后调整。承包人报价浮动率可按下列公式计算：

招标工程：承包人报价浮动率 =（l− 中标价 / 最高投标限价）×100%

非招标工程：承包人报价浮动率 =（l− 报价 / 施工图预算）×100%

已标价工程量清单中没有适用也没有类似于变更工程项目，且工程造价管理机构发布的信息价格缺价的，应由承包人根据变更工程资料、计算规则、计价办法和通过市场调查等取得有合法依据的市场价格提出变更工程项目的单价，并报发包人确认后调整。

3）按总价（或费率）计算的总价措施项目费，按照实际发生变化的措施项目调整，但应考虑承包人报价的浮动因素，即调整金额按照实际调整金额乘以承包人报价浮动率计算。

招标工程：承包人报价浮动率 =（l − 中标价 / 最高投标限价）×100%

非招标工程：承包人报价浮动率 =（l − 报价 / 施工图预算）×100%

如果承包人未事先将拟实施的方案提交给发包人确认，则应视为工程变更不引起措施项目费用的调整或承包人放弃调整措施项目费用的权利。

（2）工程量清单缺项

措施项目中因总价措施项目费通常都采用费率或总价包干的形式，所以在招标时招标人提供的措施项目清单仅为参考，承包人可以根据工程项目具体情况、施工组织设计和施工方案及自身经验自行增补予以完善，因此工程量清单缺项在这里专指单价措施项目。

1）新增分部分项工程清单项目后，引起措施项目发生变化的，应按照本计价方式中工程变更的规定，在承包人提交的实施方案被发包人批准后调整合同价款。

2）由于招标工程量清单中措施项目缺项，承包人应将新增措施项目实施方案提交发包人批准后，按照本计价方式中工程变更的规定调整合同价款。

（3）工程量偏差

因工程量偏差导致措施项目变化，合同有约定应按合同约定执行，合同无约定的可参考《建设工程工程量清单计价规范》GB 50500—2013 中的相关规定进行调整，具体如下：

1）对于任一招标工程量清单项目，当工程量偏差和工程变更等原因引起的工程量偏差超过 15% 时，可进行调整。超出部分的工程量调整单价具体应由承包人提出，并报发包人审核后确定：

2）当工程量出现偏差超过 15% 的变化，且该变化引起相关措施项目相应发生变化时，变化的措施项目费具体应由承包人提出，并报发包人审核后确定。

7. 计价要点

由于超高层建筑措施项目费用的复杂性和不可预测性，所以措施项目费用调整在整个工程计价中相比较分部分项工程而言是十分困难的，这主要是因为措施项目中存在很多涉及施工组织设计和施工方案等难以计量的总价措施项目，所以措施项目的计价必须要掌握其要点，特别是超高层建筑，由于其“超标、超限”“工期长工期紧”“功能重叠”“场地限制”等特点，可能会引发较多措施项目变更的因素，诸如：方案调整、图纸深化、缺漏补充、荷载变化、系统增加、规范调整、标准提高、内部布局变化等，所以需要事先全面、全方位地了解工程项目的重点和难点所在，把控好影响措施项目费的关键内容或节点，同时建立一套满足发包人内部管理要求及与合同条款相适应的切实可行的投资管理流程，以便有效控制措施项目变更。

二、单价措施项目费

1. 脚手架工程费

需根据拟建工程的具体情况，如：建筑物结构形式、檐口高度、施工组织设计和施工方案，结合市场并参考类似项目计算，具体如下。

（1）综合脚手架费：需根据建筑物结构形式、檐口高度按建筑面积以每平方米综合单价计算。综合脚手架适用于能够按“建筑面积计算规则”计算建筑面积的建筑工程脚手架，不适用于房屋加层、构筑物及附属工程脚手架。

（2）外脚手架费：需根据脚手架搭设方式、高度及使用材质按所服务对象的垂直投影面积以每平方米综合单价计算。

（3）里脚手架费：需根据脚手架搭设方式、高度及使用材质按所服务对象的垂直投影面积以每平方米综合单价计算。

（4）悬空脚手架费：需根据脚手架搭设方式、悬挑宽度及使用材质按搭设的水平投影面积以每平方米综合单价计算。

（5）挑脚手架费：需根据脚手架搭设方式、悬挑宽度及使用材质按搭设长度乘以搭设层数以每延长米综合单价计算。

（6）满堂脚手架费：需根据脚手架搭设方式、宽度及使用材质按搭设的水平投影面积以每平方米综合单价计算。

（7）整体提升架费：需根据提升架搭设方式及启动装置、高度按所服务对象的垂直投影面积以每平方米综合单价计算。整体提升架内包括 2m 高的防护架体设施。

（8）外装饰吊篮费：需根据吊篮升降方式及启动装置、搭设高度及吊篮型号按所服务对象的垂直投影面积以每平方米综合单价计算。

上述脚手架综合单价内应包含楼层的超高增加费。

2. 混凝土模板及支架（撑）费

需根据拟建工程的具体情况，如建筑物结构类型和形状、模板支撑高度、混凝土施工情况和方法以及对模板的特殊要求，设计模板施工方案并参考类似项目计算，具体如下。

（1）基础；矩形柱、构造柱、异形柱；基础梁、矩形梁、异形梁、圈梁、过梁、弧形梁、拱形梁；直形墙、弧形墙、短肢剪力墙、电梯井墙；有梁板、无梁板、平板、拱板、薄壳板、空心板、其他板、栏板等的混凝土模板及支架（撑）费需根据结构类型、截面形状、支撑高度等按模板与现浇混凝土构件的接触面积以每平方米综合单价计算（现浇钢筋混凝土墙、板单孔面积≤ $0.3m^2$ 孔洞不予扣除，洞侧壁模板亦不增加；单孔面积＞ $0.3m^2$ 时应予扣除，洞侧壁模板面积并入墙、板工程量内计算；现浇框架分别按梁、板、柱有关规定计算；附墙柱、暗梁、暗柱并入墙内工程量计算；柱、梁、墙、板相互连接的重叠部分，均不计算模板面积；构造柱按图示外露部分计算模板面积；前面所述之内容均在综合单价内考虑）。

（2）天沟、檐沟和其他现浇构件的混凝土模板及支架（撑）费需根据构件类型按模板与现浇混凝土构件的接触面积以每平方米综合单价计算。

（3）雨篷、悬挑板、阳台板的混凝土模板及支架（撑）费需根据构件类型和板厚度按图示外挑部分尺寸的水平投影面积以每平方米综合单价计算（挑出墙外的悬臂梁及板边不另计算，即在综合单价内考虑）。

（4）楼梯的混凝土模板及支架（撑）费需根据类型按楼梯（包括休息平台、平台梁、斜梁和楼层板的连接梁）的水平投影面积以每平方米综合单价计算（不扣除宽度≤ 500mm 的楼梯井所占面积，楼梯踏步、踏步板、平台梁等侧面模板不另计算，伸入墙内部分亦不增加，即在综合单价内考虑）。

（5）电缆沟、地沟的混凝土模板及支架（撑）费需根据沟类型和截面按模板与电缆沟、地沟的接触面积以每平方米综合单价计算。

（6）台阶的混凝土模板及支架（撑）费需根据台阶踏步宽按图示台阶的水平投影面积以每平方米综合单价计算（台阶端头两侧不另计算，即在综合单价内考虑）。

（7）扶手的混凝土模板及支架（撑）费需根据扶手截面尺寸按模板与扶手的接触面积以每平方米综合单价计算。

（8）散水的混凝土模板及支架（撑）费按模板与散水的接触面积以每平方米综合单价计算。

（9）后浇带的混凝土模板及支架（撑）费需根据后浇带部位按模板与后浇带的接触面积以每平方米综合单价计算。

（10）化粪池；检查井的混凝土模板及支架（撑）费需根据化粪池、检查井部位和规格按模板与混凝土的接触面积以每平方米综合单价计算。

上述混凝土模板及支架（撑）综合单价内应包含楼层支模的超高增加费。

随着技术、工艺的发展，超高层建筑现常使用铝合金等材质模板，在计价时应综合考虑。

3. 垂直运输费

需根据拟建工程的具体情况，如建筑物类型、结构形式、檐口高度、建筑层数，以及地下室建筑面积、施工组织设计和施工方案，结合市场并参考类似项目计算，具体可按以下两种方式计取：

（1）按建筑面积以每平方米综合单价计算；

（2）按施工工期日历天数以每日历天综合单价计算。

塔吊布置方案在超高层建筑中对垂直运输计价有很大的影响。

4. 超高施工增加费

主要是指人工和机械的降效，需根据拟建工程的具体情况，包括建筑物类型、结构形式以及檐口高度、建筑层数，并结合市场以人工费、机械费为基数进行测算，可按建筑物超高（单层建筑物檐口高度超过 20m 或多层建筑物超过 6 层）部分的建筑面积以每平方米综合单价计算。同一建筑物有不同檐高时可按不同高度分别计算。

5. 大型机械设备进出场及安拆费

需根据拟建工程的大型机械设备具体使用情况，结合市场并参考类似项目计算，通常根据所选用机械设备的种类名称、规格、型号等，按使用机械设备的数量以每台次综合单价计算，且该综合单价需包含机械设备进出场费及安拆费两部分内容。

进出场费是指大型机械设备往返的费用，需包括臂杆、铲斗及附件、道木、道轨等的运输费用，考虑机械在一个建设基地内的转移费用，但不需另行计取运输路途中的台班费。

安拆费是指大型机械设备安装、拆卸的费用，需包括机械设备安装完毕后的试运转费用。

6. 施工排水、降水费

需根据拟建工程的施工组织设计和施工方案，结合市场并参考类似项目计算，其中：

（1）成井需根据成井方式、地层情况、成井直径、井（滤）管类型和直径按设计图示尺寸钻孔深度以每米综合单价计算；

（2）排水、降水需根据机械品种、规格、型号、降排水管规格按排水、降水日历天数以每昼夜综合单价计算，每昼夜以 24 个小时为一天。

三、总价措施项目费

1. 安全文明施工费

安全文明施工费是以计算基数乘以规定费率计算，公式如下：

安全文明施工费 = 计算基数 × 安全文明施工费费率（%）

计算基数应为分部分项工程费与可以计量的单价措施项目费之和，或人工费，或人工费与机械费之和，费率需根据拟建工程的具体情况、施工组织设计和施工方案，结合市场情况，并参考相关工程造价管理机构发布的区间确定。

2. 夜间施工增加费

夜间施工增加费是以计算基数乘以规定费率计算，公式如下：

夜间施工增加费 = 计算基数 × 夜间施工增加费费率（%）

计算基数应为分部分项工程费与可以计量的单价措施项目费之和，或人工费，或人工费与机械费之和，费率需根据拟建工程的具体情况、施工组织设计和施工方案，结合市场情况，并参考相关工程造价管理机构发布的区间确定。

3. 非夜间施工增加费

非夜间施工增加费需根据拟建工程的具体情况、施工组织设计和施工方案，结合市场情况并参考类似项目计算。

4. 二次搬运费

二次搬运费是以计算基数乘以规定费率计算，公式如下：

二次搬运费 = 计算基数 × 二次搬运费费率（%）

计算基数应为分部分项工程费与可以计量的单价措施项目费之和，或人工费，或人工费与机械费之和，费率需根据拟建工程的具体情况、施工组织设计和施工方案，结合市场情况，并参考相关工程造价管理机构发布的区间确定。

因超高层建筑施工场地狭小、施工组织需要等特殊情况而发生的二次驳运及相关的费用，需根据拟建工程的具体情况及二次驳运的方式和距离，结合市场实际并参考类似项目计算。

5. 冬雨（风）期施工增加费

冬雨（风）期施工增加费是以计算基数乘以规定费率计算，如下公式：

冬雨（风）期施工增加费 = 计算基数 × 冬雨（风）期施工增加费费率（%）

计算基数应为分部分项工程费与可以计量的单价措施项目费之和，或人工费，或人工费与机械费之和，费率需根据拟建工程的具体情况、施工组织设计和施工方案，结合市场情况，并参考相关工程造价管理机构发布的区间确定。

超高层建筑通常工期均较长,经历多个冬雨(风)季,因此在遇到冬雨(风)期施工时，要根据项目所在地、所处位置、气候特点以及施工进度计划专门制定冬雨（风）期施工的技术措施，以确保工程能按期保质完成。

6. 地上、地下设施和建筑物的临时保护设施费

地上、地下设施和建筑物的临时保护设施费用主要由两部分组成：一是采取的相应保护措施费用；二是不需要时的拆除费用。

7. 已完工程及设备保护费

已完工程及设备保护费是以计算基数乘以规定费率计算，如下公式：

已完工程及设备保护费 = 计算基数 × 已完工程及设备保护费费率（%）

计算基数应为分部分项工程费与可以计量的单价措施项目费之和，或人工费，或人工费与机械费之和，费率需根据拟建工程的具体情况、施工组织设计和施工方案，结合市场情况，并参考相关工程造价管理机构发布的区间确定。

已完工程及设备保护费用主要由两部分组成：一是采取的相应保护措施费用；二是不需要时的拆除费用。

8. 其他总价措施项目费

由于总价措施项目种类众多，不同建筑高度、不同建设地点、不同建筑造型、不同结构形式、不同施工企业实施的超高层建筑施工组织设计、施工方案均有所不同，总价措施项目不能一概而论，也无法一一罗列，也没有固定的工程量计算规则和计量单位，因此计量、计价较难，必须根据拟建工程的具体情况，以及拟定的施工组织设计和施工方案，结合市场并参考类似项目进行计算。

目前定额的更新跟不上超高层建筑的蓬勃发展，所以超高层建筑措施项目费的计取尚不能全部套用定额，而是需要根据拟建工程的施工组织设计和施工方案，结合市场并参考类似项目计算。即使是两座完全相同的超高层建筑，由于采用不同的方案，其措施项目费也会不同，甚至有较大的差异，所以在进行超高层建筑措施项目费计价时，要特别注重施工组织设计和施工方案的拟定和优化，以获得技术可行下的经济合理。

第四章　计价参考

根据收集到的全国各地从2007年7月～2016年4月期间的二十多个超高层建筑工程造价案例，经过整理、分析其中的措施项目清单和费用组成，归纳和总结出以下措施项目列项内容和费用数据指标，供大家在超高层建筑措施项目计价时参考。

由于超高层建筑本身所固有的特性，个性化程度较强，缺乏足够的共性，且案例数据提供有限，所以措施项目清单列项内容和费用计算，在实际使用时还需要根据拟建工程的施工组织设计和施工方案进行调整。

一、措施项目清单

措施项目清单见表4-1。

措施项目清单　　表4-1

序号	项目名称	说明
一	单价措施项目	可以计量
1	脚手架工程	
1.1	综合脚手架	在使用综合脚手架时，不再使用外脚手架、里脚手架等单项脚手架
1.2	外墙脚手架	
1.3	里脚手架	
1.4	悬空脚手架	
1.5	挑脚手架	
1.6	满堂脚手架	
1.7	整体提升架	
1.8	外装饰吊篮	

续表

序号	项目名称	说明
1.9	安装工程脚手架	1.9 ~ 1.12 项目类别需根据工程项目特点、专业工程需要予以分项列示
1.10	钢结构工程脚手架	
1.11	电梯井脚手架	
1.12	防护脚手架	
2	**混凝土模板及支架（撑）**	**以下项目名称及内容需根据超高层建筑分部分项工程量清单项目内容予以分项列示**
	地下室土建工程	
2.1	混凝土模板及支架（撑）	
2.1.1	基础模板	
2.1.2	矩形柱模板	
2.1.3	圆形柱模板	
2.1.4	构造柱模板	
2.1.5	异型柱模板	
2.1.6	巨型柱模板	
2.1.7	矩形梁模板	
2.1.8	异型梁模板	
2.1.9	圈梁模板	
2.1.10	过梁模板	
2.1.11	弧形、拱形梁模板	
2.1.12	直形墙模板	
2.1.13	弧形墙模板	
2.1.14	电梯井壁模板	
2.1.15	有梁板模板	
2.1.16	无梁板模板	
2.1.17	平板模板	
2.1.18	其他板模板	

续表

序号	项目名称	说明
2.1.19	栏板模板	
2.1.20	楼梯模板	
2.1.21	其他现浇构件模板	
2.1.22	电缆沟、地沟模板	
2.1.23	台阶模板	
2.1.24	后浇带模板	
	裙楼土建工程	
2.2	混凝土模板及支架（撑）	
2.2.1	基础模板	
2.2.2	矩形柱模板	
2.2.3	圆形柱模板	
2.2.4	构造柱模板	
2.2.5	异型柱模板	
2.2.6	矩形梁模板	
2.2.7	异型梁模板	
2.2.8	圈梁模板	
2.2.9	过梁模板	
2.2.10	弧形、拱形梁模板	
2.2.11	直形墙模板	
2.2.12	弧形墙模板	
2.2.13	电梯井壁模板	
2.2.14	有梁板模板	
2.2.15	无梁板模板	
2.2.16	平板模板	
2.2.17	其他板模板	

续表

序号	项目名称	说明
2.2.18	栏板模板	
2.2.19	雨篷、悬挑板、阳台板模板	
2.2.20	楼梯模板	
2.2.21	其他现浇构件模板	
2.2.22	台阶模板	
2.2.23	散水模板	
2.2.24	后浇带模板	
	塔楼土建工程	
2.3	混凝土模板及支架（撑）	
2.3.1	基础模板	
2.3.2	矩形柱模板	
2.3.3	圆形柱模板	
2.3.4	构造柱模板	
2.3.5	异型柱模板	
2.3.6	巨型柱模板	
2.3.7	矩形梁模板	
2.3.8	异型梁模板	
2.3.9	圈梁模板	
2.3.10	过梁模板	
2.3.11	弧形、拱形梁模板	
2.3.12	直形墙模板	
2.3.13	弧形墙模板	
2.3.14	电梯井壁模板	
2.3.15	有梁板模板	
2.3.16	无梁板模板	

续表

序号	项目名称	说明
2.3.17	平板模板	
2.3.18	其他板模板	
2.3.19	栏板模板	
2.3.20	雨篷、悬挑板、阳台板模板	
2.3.21	楼梯模板	
2.3.22	其他现浇构件模板	
2.3.23	台阶模板	
2.3.24	散水模板	
2.3.25	后浇带模板	
2.3.26	核心筒组合模板	
2.3.27	液压整体提升模板体系	
3	**垂直运输**	
3.1	大型吊装机械使用费	3.1 ~ 3.9 项目类别需根据超高层建筑工程项目特点予以分项列示，且区分地下、地上部分
3.2	大型吊装机械爬升及措施	
3.3	履带吊使用费	
3.4	汽车吊月租费	
3.5	其他吊装机械使用费	
3.6	临时施工电梯费用	
3.7	永久电梯使用及维修更换	
3.8	大型吊装机械基础及墙体加固	
3.9	其他吊装机械基础及墙体加固	
4	**超高施工增加**	
4.1	人工降效	4.1 ~ 4.11 项目类别需根据超高层建筑工程项目特点予以分项列示
4.2	机械降效	
4.3	施工用水加压水泵安拆及工作台班	

续表

序号	项目名称	说明
4.4	通信联络设备的使用及摊销	4.1 ~ 4.11 项目类别需根据超高层建筑工程项目特点予以分项列示
4.5	白天施工照明和夜间高空安全信号增加	
4.6	上人电梯费用	
4.7	临时卫生设施	
4.8	消防设施	
4.9	楼层间的物料搬运	
4.10	施工电梯中转增加	
4.11	其他内容	
5	**大型机械设备进出场及安拆**	
5.1	大型吊装机械进出场及安拆	5.1 ~ 5.3 项目类别需根据超高层建筑工程项目特点予以分项列示，且区分地下、地上部分
5.2	履带式起重机进出场及安拆	
5.3	其他吊装机械进出场及安拆	
6	**施工排水、降水**	
6.1	成井	
6.2	排水、降水	
二	**总价措施项目**	**以下项目名称及内容需根据超高层建筑工程项目特点和具体情况，以及拟定的施工组织设计和施工方案予以列项**
1	**安全文明施工**	
1.1	环境保护	
1.1.1	粉尘控制	包括自动喷淋系统降尘
1.1.2	噪声控制	
1.1.3	有毒有害气味控制	
1.1.4	排水排污措施	
1.1.5	道路清扫、车辆清洗	
1.2	文明施工	

续表

序号	项目名称	说明
1.2.1	安全警示标志牌	
1.2.2	现场围挡	包括大门
1.2.3	各类图板	
1.2.4	企业标志	
1.2.5	场容场貌	
1.2.6	材料堆放	
1.2.7	现场防火	
1.2.8	垃圾清运	包括场内清理（分为超高层垃圾垂直运输、垃圾管道摊销及水平倒运至固定堆放地点）、场外消纳
1.3	安全施工	
1.3.1	楼板、屋面、阳台、槽坑围边、卸料平台两侧等临时防护	
1.3.2	通道口防护	
1.3.3	预留洞口防护	
1.3.4	电梯井口防护	
1.3.5	楼梯边防护	
1.3.6	垂直方向交叉作业防护	包括电梯井道安全隔离、立体施工安全防护等
1.3.7	高空作业防护	包括防砸棚、安全通道等
1.3.8	操作平台交叉作业	
1.3.9	作业人员安全帽、安全带等安全防护用品	
1.3.10	现场、楼层保安	
1.3.11	消防、安全巡视	包括临时广播系统
1.3.12	监控设施、门禁系统	包括工地大门及核心筒首层设置门禁安防系统（若需）
1.3.13	混凝土外飘预防措施	
1.3.14	沿街安全防护	

续表

序号	项目名称	说明
1.3.15	防恐反恐措施	
1.3.16	第三方安全评价	若需
1.3.17	外架封闭	
1.3.18	施工安全用电	
1.3.19	电气保护	
1.3.20	安全照明设施	
1.4	临时设施	
1.4.1	现场办公设施	包括办公室、会议室、文体活动室、值班室等及二次搬迁
1.4.2	现场宿舍设施	
1.4.3	现场食堂生活设施	
1.4.4	现场厕所、浴室、开水房等设施	包括密闭式垃圾站、盥洗设施、化粪池等
1.4.5	水泥仓库	
1.4.6	木工棚、钢筋棚、加工场	
1.4.7	其他库房	包括分包使用库房
1.4.8	供电管线	包括配电箱、开关箱、接地保护装置
1.4.9	供水管线	包括管具、表具、阀门
1.4.10	排水管线、供热管线	
1.4.11	沉淀池	
1.4.12	临时道路	
1.4.13	硬地坪	
1.4.14	楼层临时防水设施	
1.4.15	临时通风设施	包括通风设备及维护、检测
1.4.16	场外租地及搭拆临时设施	
1.4.17	临时设施多次迁移	
1.4.18	场外租房	

续表

序号	项目名称	说明
1.4.19	场外工人交通运输	
1.4.20	临时防雷设施	
1.4.21	临时航空标志	
2	夜间施工增加	
3	非夜间施工增加	
4	二次搬运	
5	冬雨（风）期施工增加	
6	地上、地下设施、建筑物的临时保护设施	
7	已完工程及设备保护	
8	大体积混凝土测温及保护	包括防开裂措施
9	混凝土泵送	包括泵管防护架及检修架
10	液压提升组合钢平台	
11	吊装加固平台	
11.1	钢结构吊装加固平台	11.1 ~ 11.2 项目类别需根据超高层建筑工程项目特点予以分项列示
11.2	设备吊装加固平台	
12	水平运输机械增加	
13	特殊要求检测、检验与试验	除发包人委托的第三方检测及承包人企业管理费承担以外
14	局部细化和深化设计	
15	竣工资料编制	
16	提前竣工（赶工）	
17	特殊要求保险	除发包人购买及承包人企业管理费承担以外
18	沉降、移位测点及监测	
19	工程顾问单位办公室搭拆	除建设单位及承包人临时设施费以外
20	承包人的总承包管理责任	除承包人企业管理费和总承包服务费以外

续表

序号	项目名称	说明
20.1	履行合同的管理责任	
20.2	桩基检测工程	20.2 ~ 20.12 项目类别需根据超高层建筑工程项目的具体特点和要求进行分类（是指由发包人与承包人直接签订的部分项目，而非发包人的专业分包人和指定供应商）
20.3	基坑围护检测及监测工程	
20.4	周边建筑、市政道路及地下管线监测工程	
20.5	供电接驳工程	
20.6	电话接驳工程	
20.7	有线电视接驳工程	
20.8	宽带接驳工程	
20.9	天然气接驳工程	
20.10	地质勘探工程包括承压水试验	
20.11	地下管线搬迁及回搬	
20.12	桩基及围护系统工程	
21	**组织协调联动调试**	
22	**地下部分施工增加**	
22.1	流沙、暗浜、明浜等处理	
22.2	清除地下障碍物	
22.3	化石、文物保护	
23	**地上部分施工增加**	除建设项目场地准备费以外
23.1	清除地上障碍物	
23.2	清除地上构筑物	
24	**水、电、通信增加**	除承包人分部分项工程费及企业管理费以外
24.1	水费增加	
24.2	电费增加	
24.3	通信费增加	
25	**专项方案论证**	

续表

序号	项目名称	说明
26	**获取认证和奖项配合**	
26.1	获取奖项认证	26.1 ~ 26.2 项目类别需根据超高层建筑工程项目特点予以分项列示
26.2	获取政府奖项	
27	**建筑信息模型 (BIM) 技术应用**	
28	**承包人招标及配合**	
29	**合同条款内其他项目**	
29.1	一般约定	29.1 ~ 29.20 项目类别需根据超高层建筑工程项目合同条款的约定予以列示，填报对应合同条款内容和要求除单价措施项目费和总价措施项目费已列项以外的其他措施项目费用
29.2	发包人	
29.3	承包人	
29.4	监理人	
29.5	工程质量	
29.6	安全文明施工与环境保护	
29.7	工期和进度	
29.8	材料与设备	
29.9	试验与检验	
29.10	变更	
29.11	价格调整	
29.12	合同价格、计量与支付	
29.13	验收和工程试车	
29.14	竣工结算	
29.15	缺陷责任期与保修	
29.16	违约	
29.17	不可抗力	
29.18	保险	
29.19	争议解决	

续表

序号	项目名称	说明
29.20	其他条款	29.1 ~ 29.20 项目类别需根据超高层建筑工程项目合同条款的约定予以列示，填报对应合同条款内容和要求除单价措施项目费和总价措施项目费已列项以外的其他措施项目费用
30	**技术标准和要求**	
30.1	压型钢板 / 桁架楼板下的支撑	30.1 ~ 30.4 项目类别需根据超高层建筑工程项目的特点和实际情况予以列示
30.2	周边市政雨污水管道疏通养护	
30.3	架设地下管廊钢栈桥	
30.4	核心筒水平结构后施工防护层措施	
31	**工程量清单总说明**	
32	**法定责任增加**	
33	**与政府及相关单位配合协调增加**	
34	**完成验收所涉及**	
35	**特殊条件下施工增加**	**地铁、铁路、航空、航运等交通干扰而发生的施工降效费用**
36	**其他措施项目**	**为保证工程施工正常进行所发生的除上述列项以外的措施项目费用**

注:（1）以上列项是基于总承包工程范围，其中的桩基工程、基坑围护工程作为专业分包来考虑；
（2）以上列项除混凝土模板及支架（撑）外未区分地下、地上部分；
（3）以上列项未区分地下楼层及埋置深度、地上楼层及建筑高度；
（4）以上列项未考虑地域位置、气候等差异因素。

二、措施项目费用

1. 影响因素

在工程项目初期，通常主要是以建筑高度、建设规模来判别措施项目费用的多少。从超高层建筑总承包措施项目内容组成来看，影响措施项目费用的主要因素如下：工程类型、拟建地点、总建筑面积、地上地下建筑面积占比、建筑高度、建筑层数、基础埋深、结构形式、立面造型、承包范围、承包方式、计价方式、施工组织设计、施工方案、高新技术运用、地下水和土质情况、施工工期、质量标准以及项目周边水文、气象、环境、安全等因素。

2. 数据指标

超高层建筑可以采用总建筑面积单方指标来体现措施项目费用数据指标：

若以建筑高度来测定的话，总承包措施项目费用的数据参考指标范围一般如表 4-2 所示。

总承包措施项目费用的数据参考指标　　表 4-2

高度（m）	总建筑面积单方指标（元 /m^2）
100 ~ 200	200 ~ 400
200 ~ 300	250 ~ 500
300 ~ 400	450 ~ 750
400 ~ 550	550 ~ 900
550 ~ 650	600 ~ 950

注：基于超高层建筑工程特性，上述数据指标仅供参考，它适用于建设周期正常、施工场地宽阔、施工环境良好的建设工程项目。特殊施工地区或区域、有特殊要求的建设工程项目可在此基础上，根据工程项目具体情况、实际要求另行计价调整。

3. 管控核心

措施项目费用的管控不能是单一的概念，需要对其进行全过程、全方位、动态的监控，所以必须是围绕着工程项目实施过程展开，从设计阶段开始一直到竣工结算为止，同时还需要有将技术、经济、管理三者有机结合的综合能力，这样费用管控才能落到实处。

第五章 计价案例

即使是相同建筑高度的超高层建筑，若建设地点、建筑面积、立面造型、建造时间、建设标准、业态构成等方面略有差异，则其措施项目清单内容和费用数据都会有明显的不同。为了方便大家更好理解，以两个超高层建筑实际工程为案例，供大家具体计价时参考。

这些案例数据均以实际工程项目数据为依据，但为保护具体工程项目相关单位的商业秘密，特作了适当的技术处理。若与某个工程的情况有相近之处，只能说明该工程项目与本案例接近。

一、案例一

1. 工程概况

（1）工程类型：大型城市综合体（集办公、酒店、商业、观光于一体）

（2）总建筑面积：570000m^2，其中：地下 160000 m^2、地上 410000 m^2

（3）总建筑高度：600m

（4）建筑层数：地下 5 层，地上 120 层（其中：裙房 7 层）

（5）结构形式：

1）桩型：钻孔灌注桩，桩长分别为 82m、65m、40m

2）基坑围护：地下连续墙

3）主体结构：

塔楼：巨型柱 + 核心筒 + 伸臂桁架抗侧结构体系 / 钢框架结构

裙楼：钢框架结构

（6）基础埋深：31m（地下室外墙长度约 750m）

（7）室内外高差：0.15m

（8）外立面：玻璃幕墙

（9）工期：73 个月（2008 年 11 月 ~ 2014 年 12 月）

（10）其他：屋顶无停机坪

2. 总承包范围

自行施工内容包括：

（1）土方工程

（2）钢筋混凝土结构工程

（3）钢结构吊装及安装工程

（4）建筑工程

（5）粗装修工程

（6）机电预埋及部分安装工程

（7）室外道路及管线工程

3. 措施项目费

采用清单计价法方式（表 5-1）——地下部分为《建设工程工程量清单计价规范》GB 50500—2003、地上部分为《建设工程工程量清单计价规范》GB 50500—2008。

措施项目费　　表 5-1

序号	项目名称	金额（元）
一	单价措施项目	234063246.53
1	脚手架工程	12961804.20
1.1	外墙脚手架	1267569.00
1.2	里脚手架	200000.00
1.3	满堂脚手架	742836.20

续表

序号	项目名称	金额（元）
1.4	钢结构工程用脚手架	10551399.00
1.5	防护脚手架	200000.00
2	**混凝土模板及支架（撑）**	**45763029.00**
	地下室土建工程	22896534.00
2.1	混凝土模板及支架（撑）	22896534.00
2.1.1	基础模板	194240.00
2.1.2	矩形柱模板	1875282.00
2.1.3	构造柱模板	1761500.00
2.1.4	圈梁模板	624000.00
2.1.5	墙坎模板	256000.00
2.1.6	过梁模板	60160.00
2.1.7	连梁模板	131984.50
2.1.8	支撑模板	897195.00
2.1.9	直形内墙模板	2244325.00
2.1.10	平台有梁板模板	104592.50
2.1.11	有梁板模板	12780615.00
2.1.12	传力板模板	214000.00
2.1.13	门槛模板	23040.00
2.1.14	直形楼梯模板	81600.00
2.1.15	弧形楼梯模板	13000.00
2.1.16	楼板后浇带模板	1605000.00
2.1.17	管井处后浇混凝土模板	30000.00
	裙楼土建工程	1125745.00
2.2	混凝土模板及支架（撑）	1125745.00
2.2.1	基础模板	96000.00

续表

序号	项目名称	金额（元）
2.2.2	矩形柱模板	392000.00
2.2.3	构造柱模板	219700.00
2.2.4	矩形梁模板	140000.00
2.2.5	圈梁模板	70525.00
2.2.6	墙坎模板	28800.00
2.2.7	过梁模板	6720.00
2.2.8	门槛模板	32000.00
2.2.9	直形楼梯模板	65000.00
2.2.10	管井处后浇混凝土模板	75000.00
	塔楼土建工程	21740750.00
2.3	混凝土模板及支架（撑）	21740750.00
2.3.1	基础模板	192000.00
2.3.2	矩形柱模板	5887840.00
2.3.3	构造柱模板	3409250.00
2.3.4	矩形梁模板	551200.00
2.3.5	圈梁模板	1344200.00
2.3.6	墙坎模板	464000.00
2.3.7	过梁模板	231360.00
2.3.8	直形内墙模板	9374400.00
2.3.9	直形楼梯模板	65000.00
2.3.10	门槛模板	64000.00
2.3.11	管井处后浇混凝土模板	157500.00
3	**垂直运输**	**162802842.33**
3.1	塔楼大型吊装机械使用费	95204537.25
3.2	塔楼大型吊装机械爬升及措施	9753631.20

续表

序号	项目名称	金额（元）
3.3	塔楼履带吊使用费	20297298.00
3.4	塔楼汽车吊月租费	1489104.00
3.5	塔楼其他吊装机械使用费	1321579.80
3.6	裙楼大型吊装机械使用费	7808715.00
3.7	裙楼大型吊装机械爬升及措施	31023.00
3.8	地下室大型吊装机械使用费	4425387.00
3.9	地下室履带式起重机使用费	3753153.00
3.10	地下室其他吊装机械使用费	1200000.00
3.11	塔楼塔吊机械基础加固	980947.26
3.12	裙楼塔吊机械基础加固	434528.82
3.13	地下室塔吊基础加固	20000.00
3.14	临时电梯	16082938.00
4	**大型机械设备进出场及安拆**	**8465571.00**
4.1	塔楼大型吊装机械进出场及安拆	3133323.00
4.2	塔楼履带式起重机进出场及安拆	413640.00
4.3	裙楼大型吊装机械进出场及安拆	785916.00
4.4	地下室大型吊装机械进出场及安拆	663892.00
4.5	地下室履带式起重机进出场及安拆	818800.00
4.6	其他机械进出场及安拆	2650000.00
5	**施工排水、降水**	**4070000.00**
5.1	施工排水、降水	70000.00
5.2	疏干井	2000000.00
5.3	承压井	2000000.00
二	**总价措施项目**	**189783959.45**
1	**安全文明施工**	**112530112.20**

续表

序号	项目名称	金额（元）
1.1	环境保护	4014038.74
1.1.1	粉尘控制	1910679.58
1.1.2	噪声控制	1074679.58
1.1.3	有毒有害气味控制	1028679.58
1.2	文明施工	18468978.25
1.2.1	安全警示标志牌	924679.58
1.2.2	现场围挡	1424679.58
1.2.3	各类图表	894679.58
1.2.4	企业标志	379871.83
1.2.5	场容场貌	4528271.83
1.2.6	材料堆放	3418718.34
1.2.7	现场防火	2669359.17
1.2.8	垃圾清运	4228718.34
1.3	安全施工	38487146.53
1.3.1	楼板、屋面、阳台等临时防护	4096265.17
1.3.2	通道口防护	2549359.17
1.3.3	预留洞口防护	2156031.17
1.3.4	电梯井口防护	1932047.17
1.3.5	楼梯边防护	1311215.50
1.3.6	垂直方向交叉作业防护	3873438.34
1.3.7	高空作业防护	5915312.50
1.3.8	操作平台交叉作业	14804118.34
1.3.9	作业人员必备安全防护用品	1849359.17
1.4	临时设施	51559948.68
1.4.1	办公用房	2206445.08

续表

序号	项目名称	金额（元）
1.4.2	宿舍	27351514.17
1.4.3	食堂	350000.00
1.4.4	厕所、浴室、开水房等	1951151.42
1.4.5	水泥仓库	80000.00
1.4.6	木工棚、钢筋棚	340000.00
1.4.7	其他库房	1779359.17
1.4.8	配电线路	6977504.12
1.4.9	配电开关箱	1745019.87
1.4.10	接地保护装置	134729.46
1.4.11	发电机	800000.00
1.4.12	供水管线	2044225.39
1.4.13	排水管、沟	600000.00
1.4.14	沉淀池	200000.00
1.4.15	临时道路	1000000.00
1.4.16	吊装加固平台	3800000.00
1.4.17	硬地坪	200000.00
2	**夜间施工增加**	**200000.00**
3	**逆作法之通风及照明系统**	**250000.00**
4	**二次搬运**	**160000.00**
5	**已完工程及设备保护**	**453715.00**
6	**其他总价措施项目**	**76190132.25**
6.1	大体积混凝土测温及保护	130000.00
6.2	水平运输机械增加	1685467.00
6.3	特殊要求检验试验	1161484.25
6.4	局部细化和深化设计费	12430000.00

续表

序号	项目名称	金额（元）
6.5	竣工资料编制	870000.00
6.6	提前竣工（赶工）	120000.00
6.7	特殊要求保险	13761104.00
6.8	沉降、移位测点及监测	109500.00
6.9	工程顾问单位办公室	208000.00
6.10	承包人的总承包管理责任	2832500.00
6.10.1	桩基检测	30500.00
6.10.2	基坑围护检测及监测	41000.00
6.10.3	周边建筑、市政道路及地下管线监测	30000.00
6.10.4	供水接驳	10000.00
6.10.5	供电接驳	10000.00
6.10.6	电话接驳	10000.00
6.10.7	有线电视接驳工程	10000.00
6.10.8	宽带接驳工程	10000.00
6.10.9	天然气接驳	10000.00
6.10.10	地质勘探（包括承压水试验）	10000.00
6.10.11	地下管线搬迁及回搬	30500.00
6.10.12	履行合同的管理责任	2630500.00
6.11	组织协调联动调试	1200000.00
6.12	地下部分施工增加	100000.00
6.12.1	流沙、暗浜、明浜等处理	50000.00
6.12.2	清除地下及地上障碍物	50000.00
6.13	地上部分施工增加	451000.00
6.13.1	临时围墙拆除、回搬及重新搭设	450500.00
6.13.2	场地平整	500.00

续表

序号	项目名称	金额（元）
6.14	水电通信增加费	22074000.00
6.14.1	通信增加费	1184000.00
6.14.2	水电增加费	20890000.00
6.15	获取认证和奖项配合	400000.00
6.15.1	配合绿色建筑三星级认证	200000.00
6.15.2	配合 LEED 金奖认证	200000.00
6.16	建筑信息模型（BIM）技术应用	4500000.00
6.17	承包人招标及配合	200000.00
6.18	合同条款内其他项目	5984000.00
6.18.1	工程标高和定位测量	1000000.00
6.18.2	图纸复印、合同装订	150000.00
6.18.3	工程竣工清理	1000000.00
6.18.4	其他	3834000.00
6.19	技术标准和要求	1686845.00
6.19.1	压型钢板 / 桁架楼板下的支撑	500000.00
6.19.2	镀锌快易收口板	51000.00
6.19.3	拆除现有围墙	38720.00
6.19.4	拆除现有办公室	200000.00
6.19.5	周边市政雨污水管养护	180000.00
6.19.6	现浇混凝土板下压型钢板	67125.00
6.19.7	工厂制造监督检查	500000.00
6.19.8	消防系统配合内幕墙防火测试	150000.00
6.20	法定责任增加	2986232.00
6.21	完成验收所涉及的工作	3300000.00
6.21.1	补救工作	300000.00

续表

序号	项目名称	金额（元）
6.21.2	建筑垃圾清运	3000000.00
	合计	423847205.98

注：本案例中未单独计列超高施工增加费。

4. 经济指标

措施项目费用总建筑面积单方指标为 743.59 元 /m^2。

二、案例二

1. 工程概况

（1）工程类型：大型城市综合体（集商业、办公、SOHO、酒店等于一体）

（2）总建筑面积：400000m^2，其中：地下 120000m^2、地上 280000m^2

（3）总建筑高度：430m

（4）建筑层数：地下 4 层，地上 94 层（其中：裙房 4 层）

（5）结构形式：

1）桩型：钻孔灌注桩，桩长分别为 80m、70m、16m

2）基坑围护：地下连续墙 + 锚索支护

3）主体结构：

塔楼：巨型斜撑框架 + 核心筒 + 伸臂桁架抗侧结构体系 / 钢框架结构

裙楼：钢框架结构

（6）基础埋深：25m（地下室外墙长度约 800 m）

（7）室内外高差：0.20m

（8）外立面：玻璃幕墙

（9）工期：56 个月（2015 年 10 月 ~ 2020 年 6 月）

（10）其他：屋顶设停机坪

2. 总承包范围

自行施工内容包括：

（1）降排水工程

（2）基坑土方回填

（3）钢筋混凝土工程

（4）钢结构供应及安装工程

（5）砌体工程

（6）粗装修工程

（7）防水保温工程

（8）人防工程

（9）给水排水工程（除设备外）

（10）电气工程（除设备外）

（11）空调通风工程（除设备外）

3. 措施项目费

采用清单计价法方式——《建设工程工程量清单计价规范》GB 50500—2013。

（1）单价措施项目清单及计价表（表 5-2）

单价措施项目清单及计价表　　表 5-2

序号	项目名称	计量单位	工程量	金额（元）	
				综合单价	合价
1	双排脚手架 高度 24m 以内地下室	m^2	13592	55.89	759656.88
2	单排脚手架 高度 8.5m 以内地下室	m^2	95871	10.03	961586.13
3	里脚手架≤ 3.6m 地下室	m^2	9497	4.68	44445.96
4	里脚手架 3.6 ~ 6m 地下室	m^2	25619	5.19	132962.61
5	里脚手架＞ 6m 地下室	m^2	5509	5.96	32833.64

续表

序号	项目名称	计量单位	工程量	金额（元）	
				综合单价	合价
6	满堂脚手架 3.6 ~ 5.2m 地下室	m^2	27870	21.46	598090.20
7	满堂脚手架 6.4 ~ 7.6m 地下室	m^2	13597	3.98	54116.06
8	电梯井脚手架 20m 以内地下室	座	2	1573.24	3146.48
9	电梯井脚手架 30m 以内地下室	座	10	2694.20	26942.00
10	电梯井脚手架 40m 以内地下室	座	4	4314.48	17257.92
11	电梯井脚手架 80m 以内地下室	座	3	13679.71	41039.13
12	电梯井脚手架 150m 以内地下室	座	6	42130.55	252783.30
13	电梯井脚手架 220m 以内地下室	座	3	70063.88	210191.64
14	电梯井脚手架 290m 以内地下室	座	3	97997.22	293991.66
15	电梯井脚手架 300m 以内地下室	座	1	101987.69	101987.69
16	电梯井脚手架 310m 以内地下室	座	7	105978.17	741847.19
17	电梯井脚手架 320m 以内地下室	座	3	109968.65	329905.95
18	电梯井脚手架 430m 以内地下室	座	3	149873.40	449620.20
19	基础垫层模板地下室	m^2	158	32.03	5060.74
20	巨柱基础模板地下室	m^2	1499	43.05	64531.95
21	桩筏基础模板地下室	m^2	5988	44.54	266705.52
22	坡道基础模板地下室	m^2	108	44.54	4810.32
23	设备基础模板地下室	m^2	116	46.89	5439.24
24	矩形柱模板地下室	m^2	21954	70.97	1558075.38
25	圆形柱模板地下室	m^2	1604	119.33	191405.32
26	构造柱模板地下室	m^2	18982	81.73	1551398.86
27	圈梁模板地下室	m^2	2339	53.80	125838.20
28	过梁模板地下室	m^2	617	53.80	33194.60
29	直形墙（外墙）模板地下室	m^2	21342	64.10	1368022.20

续表

序号	项目名称	计量单位	工程量	金额（元）	
				综合单价	合价
30	弧形墙（外墙）模板地下室	m^2	2326	92.57	215317.82
31	直形墙模板地下室	m^2	28856	64.10	1849669.60
32	弧形墙模板地下室	m^2	9007	92.57	833777.99
33	有梁板模板地下室	m^2	124844	71.91	8977532.04
34	有梁板（下沉广场斜板）模板地下室	m^2	4726	71.65	338617.90
35	有梁板（坡道斜板）模板地下室	m^2	5518	71.65	395364.70
36	直形楼梯模板地下室	m^2	1856	171.22	317784.32
37	后浇带模板地下室	m^3	1570	791.77	1243078.90
38	管井盖板模板地下室	m^3	85	949.81	80733.85
39	里脚手架裙楼 A	m^2	8576	5.19	44509.44
40	满堂脚手架 3.6 ~ 5.2m 裙楼 A	m^2	1001	14.31	14324.31
41	设备基础模板裙楼 A	m^2	29	46.89	1359.81
42	构造柱模板裙楼 A	m^2	1533	81.73	125292.09
43	抱框柱模板裙楼 A	m^2	96	62.90	6038.40
44	圈梁模板裙楼 A	m^2	208	53.80	11190.40
45	过梁模板裙楼 A	m^2	105	53.80	5649.00
46	直形墙模板裙楼 A	m^2	478	64.10	30639.80
47	有梁板模板裙楼 A	m^2	621	64.47	40035.87
48	小型构件门槛模板裙楼 A	m^2	20	96.46	1929.20
49	小型构件防水带上翻混凝土模板裙楼 A	m^2	104	96.46	10031.84
50	台阶模板裙楼 A	m^2	1	39.19	39.19
51	平板模板裙楼 A	m^3	6	205.02	1230.12
52	管井盖板模板裙楼 A	m^3	5	274.49	1372.45
53	小型构件导水板模板裙楼 A	m^3	1	964.58	964.58

续表

序号	项目名称	计量单位	工程量	金额（元）	
				综合单价	合价
54	里脚手架裙楼 B	m^2	3793	5.19	19685.67
55	满堂脚手架 3.6 ~ 5.2m 裙楼 B	m^2	445	14.31	6367.95
56	设备基础模板裙楼 B	m^2	38	46.89	1781.82
57	构造柱模板裙楼 B	m^2	1033	81.73	84427.09
58	抱框柱模板裙楼 B	m^2	133	62.90	8365.70
59	圈梁模板裙楼 B	m^2	138	53.80	7424.40
60	过梁模板裙楼 B	m^2	80	53.80	4304.00
61	直形墙模板裙楼 B	m^2	469	64.10	30062.90
62	小型构件门槛模板裙楼 B	m^2	10	96.46	964.60
63	小型构件防水带上翻混凝土模板裙楼 B	m^2	73	96.46	7041.58
64	台阶模板裙楼 B	m^2	1	39.19	39.19
65	平板模板裙楼 B	m^3	4	205.02	820.08
66	管井盖板模板裙楼 B	m^3	4	949.81	3799.24
67	小型构件导水板模板裙楼 B	m^3	1	964.58	964.58
68	里脚手架 3.6 ~ 6m 塔楼办公区	m^2	13339	5.19	69229.41
69	里脚手架 > 6m 塔楼办公区	m^2	1205	5.96	7181.80
70	装饰脚手架 6m 内塔楼办公区	m^2	56906	5.19	295342.14
71	装饰脚手架 6m 外塔楼办公区	m^2	2510	5.96	14959.60
72	满堂脚手架 3.6 ~ 5.2m 塔楼办公区	m^2	18569	14.31	265722.39
73	满堂脚手架 6.4 ~ 7.6m 塔楼办公区	m^2	1949	3.98	7757.02
74	矩形柱模板塔楼办公区	m^2	151	70.97	10716.47
75	直形墙模板塔楼办公区	m^2	6410	71.85	460558.50
76	有梁板模板塔楼办公区	m^2	45026	64.47	2902826.22
77	小型构件门槛模板塔楼办公区	m^2	140	96.46	13504.40

续表

序号	项目名称	计量单位	工程量	金额（元）	
				综合单价	合价
78	小型构件防水带上翻混凝土模板塔楼办公区	m^2	93	96.46	8970.78
79	里脚手架 3.6 ~ 6m 塔楼 SOHO 区	m^2	8552	5.19	44384.88
80	装饰脚手架 6m 内塔楼 SOHO 区	m^2	24593	1.80	44267.40
81	满堂脚手架 3.6 ~ 5.2m 塔楼 SOHO 区	m^2	10687	14.31	152930.97
82	电梯井脚手架 120m 以内塔楼 SOHO 区	座	3	31120.55	93361.65
83	电梯井脚手架 140m 以内塔楼 SOHO 区	座	3	38860.80	116582.40
84	有梁板模板塔楼 SOHO 区	m^2	28716	64.47	1851320.52
85	小型构件门槛模板塔楼 SOHO 区	m^2	291	96.46	28069.86
86	小型构件防水带上翻混凝土模板塔楼 SOHO 区	m^2	93	96.46	8970.78
87	里脚手架 3.6 ~ 6m 塔楼酒店区	m^2	8026	5.19	41654.94
88	装饰脚手架 6m 内塔楼酒店区	m^2	22896	1.82	41670.72
89	满堂脚手架 3.6 ~ 5.2m 塔楼酒店区	m^2	19523	14.31	279374.13
90	电梯井脚手架 20m 以内塔楼酒店区	座	2	1573.24	3146.48
91	电梯井脚手架 30m 以内塔楼酒店区	座	1	2694.20	2694.20
92	电梯井脚手架 50m 以内塔楼酒店区	座	1	6070.65	6070.65
93	电梯井脚手架 100m 以内塔楼酒店区	座	2	23406.47	46812.94
94	电梯井脚手架 110m 以内塔楼酒店区	座	3	26911.75	80735.25
95	矩形柱模板塔楼酒店区	m^2	54	70.97	3832.38
96	有梁板模板塔楼酒店区	m^2	25877	64.47	1668290.19
97	小型构件门槛模板塔楼酒店区	m^2	24	96.46	2315.04
98	排水、降水（±0.00 以下）	项	1	758080.00	758080.00
99	排水、降水（±0.00 以上）	项	1	386720.00	386720.00
100	垂直运输（地下 4 层 21m 深；核心筒 25m 深）	m^2	120000	25.75	3090000.00

续表

序号	项目名称	计量单位	工程量	金额（元）	
				综合单价	合价
101	垂直运输（地上裙楼23m高；塔楼430m高）	m^2	280000	133.58	37402400.00
102	超高施工增加	m^2	260000	254.42	66149200.00
103	混凝土泵送费	项	1	8146728.48	8146728.48
104	塔楼钢结构吊装措施费	项	1	7669741.18	7669741.18
105	大型机械设备进出场及安拆	项	1	6804480.00	6804480.00
106	核心筒墙体钢模板	m^2	119023	145.10	17270237.30
107	液压爬模架	项	1	5190000.00	5190000.00
108	超高施工增加中转平台	项	1	1290000.00	1290000.00
109	压型钢板下支撑系统	项	1	464000.00	464000.00
110	塔吊及施工电梯基础加固	项	1	1777377.00	1777377.00
111	预留洞口封堵	项	1	611200.00	611200.00
合　计					190532837.46

（2）总价项目措施清单及计价表（表5-3）

总价项目措施清单及计价表　　表5-3

序号	项目名称	金额（元）
1	文明施工与环境保护	3865000.00
2	安全施工	9300000.00
3	临时设施费	8700000.00
4	夜间施工增加费	2515000.00
5	雨期施工增加费	8725000.00
6	已完工程设备保护	1500000.00
7	大体积混凝土降温、测温及保护	50000.00

续表

序号	项目名称	金额（元）
8	特殊要求检验试验	3188000.00
9	沉降、移位测点及监测	1640000.00
10	用水增加	1450000.00
11	用电增加	4770000.00
12	组织协调联动调试	1000000.00
13	获取奖项	6000000.00
14	确保 LEED 金奖认证	500000.00
15	局部深化设计费	1880000.00
16	二次搬运费	2233000.00
17	楼层间物料搬运费	200000.00
18	工程标高定位、测量	525000.00
19	垃圾清运	388000.00
20	竣工资料编制费	775000.00
21	特殊要求保险费	2596500.00
22	招标配合（合同条款）	480000.00
23	合同条款内其他项目	1336000.00
24	工程竣工清理（合同条款）	1164000.00
25	其他措施项目费	1242000.00
26	工程补救费	27500.00
合　计		66050000.00

4. 经济指标

措施项目费用总建筑面积单方指标为 641.46 元 /m^2。

参考文献

[1] 中华人民共和国住房和城乡建设部，中华人民共和国国家质量监督检验检疫总局．建设工程工程量清单计价规范 GB 50500—2013. 北京：中国计划出版社，2013.

[2] 中华人民共和国住房和城乡建设部．房屋建筑与装饰工程工程量计算规范 GB 50854—2013. 北京：中国计划出版社，2013.

[3] 中华人民共和国住房和城乡建设部．通用安装工程工程量计算规范 GB 50856—2013. 北京：中国计划出版社，2013.

[4] 中华人民共和国住房和城乡建设部．工程造价术语标准 GB/T 50875—2013. 北京：中国计划出版社，2013.

[5] 中华人民共和国住房和城乡建设部．建设工程分类标准 GB/T 50841—2013. 北京：中国计划出版社，2013.

[6] 中华人民共和国住房和城乡建设部．绿色建筑评价标准 GB/T 50378—2014. 北京：中国建筑工业出版社，2015.

[7] 中华人民共和国建设部，中华人民共和国国家质量监督检验检疫总局．民用建筑设计通则 GB 50352—2005. 北京：中国建筑工业出版社，2005.

[8] 中华人民共和国住房和城乡建设部．建筑设计防火规范 GB 50016—2014. 北京：中国计划出版社，2015.

[9] 中华人民共和国住房和城乡建设部．房屋建筑与装饰工程消耗量定额 TY 01—31—2015. 北京：中国计划出版社，2015.

[10] 中华人民共和国住房和城乡建设部．通用安装工程消耗量定额 TY 02—31—2015. 北京：中国计划出版社，2015.

[11] 中华人民共和国住房和城乡建设部．建筑安装工程工期定额 TY 01—89—2016. 北京：中国计划出版社，2016.

[12] 中华人民共和国住房和城乡建设部，中华人民共和国国家工商行政管理总局．建设工程施工合同（示范文本）GF—2017—0201. 北京：中国建筑工业出版社，2017.

[13] 本书编制组 . 房屋建筑和市政工程标准施工招标文件（2010 年版）. 北京：中国建筑工业出版社，2010.

[14]《标准文件》编制组 . 中华人民共和国标准施工招标文件（2007 年版）. 北京：中国计划出版社，2007.

[15] 住房城乡建设部　财政部关于印发《建筑安装工程费用项目组成》的通知（建标[2013] 44 号）.